意林小励志

不努力，何以谈未来

《意林》图书部　编

吉林摄影出版社
·长春·

图书在版编目（CIP）数据

不努力，何以谈未来 /《意林》图书部编. -- 长春：
吉林摄影出版社，2024.9. --（意林小励志）.
ISBN 978-7-5498-6278-8
I.B848.4-49
中国国家版本馆CIP数据核字第2024WY1778号

不努力，何以谈未来 BU NULI, HE YI TAN WEILAI

出 版 人	车　强
出 品 人	杜普洲
责任编辑	吴　晶
总 策 划	徐　晶
策划编辑	张　娟
封面设计	刘海燕
美术编辑	刘海燕
发行总监	王俊杰
开　　本	787mm×1092mm 1/16
字　　数	180千字
印　　张	10
版　　次	2024年9月第1版
印　　次	2024年9月第1次印刷

出　　版	吉林摄影出版社
发　　行	吉林摄影出版社
地　　址	长春市净月高新技术开发区福祉大路5788号
	邮　编：130118
电　　话	总编办：0431-81629821
	发行科：0431-81629829
网　　址	www.jlsycbs.net
经　　销	全国各地新华书店
印　　刷	天津中印联印务有限公司

| 书　　号 | ISBN 978-7-5498-6278-8 | 定价　20.00元 |

启　事

本书编选时参阅了部分报刊和著作，我们未能与部分作品的文字作者、漫画作者以及插画作者取得联系，在此深表歉意。请各位作者见到本书后及时与我们联系，以便按国家相关规定支付稿酬及赠送样书。
　　地址：北京市朝阳区南磨房路37号华腾北搪商务大厦1501室《意林》图书部（100022）
　　电话：010-51908630转8013

版权所有　翻印必究
（如发现印装质量问题，请与承印厂联系退换）

目 录
CONTENTS

第一辑
披着青春热血的光芒，抵达生而为赢的战场

人生实苦，但你要选择优秀　南　山 / 2

没有赢　刘　墉 / 3

没有一场考试能决定你的未来　八月长安 / 4

我就是那个画画最好的姑娘　绒　绒 / 6

当优秀成为一种习惯　一直特立独行的猫 / 8

认真的人连刷牙都用力　蒋初一 / 10

上比与下比　黄永武 / 12

学习没有捷径　［英］卡洛琳·李　译/佚　名 / 13

可以慢，但不能停　沈十六 / 14

守好你的孤独　小今君 / 16

我的"偶像包袱"症　庚　渊 / 18

人生的两种行动方式　王吴军 / 20

鹧鹕还在唱歌　［美］帕梅拉·R.布莱恩　译/班　超 / 21

我就是很努力，有什么好笑的　李开春 / 22

澳大利亚学校的"失败课"　佟雨航 / 24

当所有人都在努力，希望你学会借力　韩大爷的杂货铺 / 26

用一生去做好一件事　刘颖倩 / 28

该停手时就停手，是及时止损的秘籍
　［美］玛德琳·格兰特　译/佚　名 / 30

1

第二辑

努力必须张扬，人生才有锋芒

挫败不是结局，是下一程的起点　韩云鹏 | 32
可我偏要勉强　林美鱼 | 34
成长会有快慢之分，却无运气可言　老　丑 | 36
哪有那么多逆袭，挺住意味着一切　李思圆 | 38
真正拉开差距的是低潮期　佚　名 | 40
豆浆的假沸　江泽涵 | 41
全力以赴之前，别说自己没机遇　韩大爷的杂货铺 | 42
与其不喜欢自己，不如不喜欢你　林特特 | 44
你想要的，别人凭什么给你　老　妖 | 46
妈，我真的不喜欢你把肉让给我　布　乖 | 48
小事见人心　李月亮 | 50
女汉子的高跟鞋　蔡　婧 | 52
你不需要相信任何人对你的评价　Joy Liu | 54
不要在别人的目光里变得平庸　薛瘦脱 | 56
不漂亮，但很有魅力　佚　名 | 58

第三辑

跳出思维的"井",此刻向远方

做一个怪人没什么不好　July鲸鱼丨60

教养是让别人舒服,自己也不苟且　陶妍妍丨62

一辈子怀揣少女心　残小雪丨64

无伤大雅的小缺点　张君燕丨66

兵马俑的低姿态　徐　静丨67

会夸人的女孩子,运气不会差　鹿十七丨68

把小事做好的人,生活总不会亏待他　洋气杂货店丨70

用41年拍莲花　计玉兰丨72

半生与半小时　牧徐徐丨74

只选一把椅子　李　蔷丨75

70年不变菜单的餐厅　蒲　草丨76

人生不该在小节上浪费功夫　蔡　澜丨77

不是世界不好,是你见得太少　渡　渡丨78

不等待　译/张富玲丨80

第四辑

不要害怕输，放手去做一棵努力生长的树

选择喜欢的，后悔的概率会小一点　简　白 | 82
喜欢吃鱼，就不要怕刺　巫小诗 | 84
喜欢攀岩的虾虎鱼　赵盛基 | 86
李昌钰洗试管　潘国宁 | 87
拒绝成长的戏剧性　吴晓波 | 88
大部分的熬夜都无关努力，只是低效而已　巫小诗 | 90
好人生，属于好主人　王月冰 | 92
纵然人生再苦，也别成为失乐人　慕容素衣 | 93
多一步不想　曲家瑞 | 94
喝咖啡选对围裙颜色　黄增强 | 96
不要小看30天　蒋光宇 | 97
做得多不如做得好　吴淡如 | 98
时间开窍　丁菱娟 | 100
英国火车站的奇葩晚点理由　乔凯凯 | 101
从菜鸟到大师的距离　张一楠 | 102
别　人　倪　匡 | 103
疾风知劲草　刘　墉 | 104

第五辑

要在我的落拓人生里，高歌破阵

没有白费的努力，也没有碰巧的成功　鹿十七｜106
来不及就不学了吗　乐乐洵｜108
每天都冒一点险　毕淑敏｜110
嗯，曾经自卑过　遇见Luck｜112
那些微小的改变，让我们越来越好　艾小羊｜114
无所不知的人为什么会一事无成　毛羽立｜116
试着坐下来弹一弹那架没有用的钢琴吧　流念珠｜118
自律给我更爱自己的理由　小椰子｜120
隐形"社恐"的纠结　浅　浅｜122
盲　鱼　晓　月｜124
山羊"顺嘴"就成了消防员　skin｜125
外来的和尚会念经　蔡　钰｜126
观念不同，要和朋友互删吗　玛雅蓝｜128
恭喜，你终于失恋了　詹　蒙｜130
概率是为谁准备的　张　勇｜132

第六辑

未来跃入人海，也要做一朵奔腾的浪花

都听网友的，生活会变成什么样　佚　名 | 134
上瘾的自律还是自律吗　黄锴骥 | 136
"以卑说卑"与"以愚应智"　王厚明 | 138
留点"小懒"　郭华悦 | 140
示弱，而后强大　译/赵　萍 | 141
挫折的有效期　游　游 | 142
把一条路走到天亮　青青子衿 | 144
换个角度，也许就能发挥价值　袁则明 | 146
开在伤痕上的花朵　鲍海英 | 147
谨防"最后的懈怠"　胡建新 | 148
策划逃跑的羊　乔凯凯 | 150
认命不是投降　冯　唐 | 151

第一辑

披着青春热血的光芒，抵达生而为赢的战场

人生实苦，但你要选择优秀

□南　山

《隐藏人物》获得了13项全球知名大奖的提名，被众多影评人称为"最不容错过的、以黑人为主角的电影"。3位黑人女性成长轨迹迥异，但共同的目标让她们相遇在NASA（美国国家航空航天局）。她们将认真生活与努力工作作为信仰，贯彻在每一个平凡的日子里，最终在NASA夺得了一席之地。

凯瑟琳是数学天才，因出色的速算能力被提拔到总部和工程师一起工作。可是那儿没有有色人种厕所，她每次都只能带着运算任务奔跑30分钟去上厕所。她不能从公共的咖啡壶里喝咖啡，也不能参加高级别会议。尽管如此，她没有大吵大闹，而是靠着坚韧的意志力和出色的专业能力，一次次地完成不可能的任务。最终，主管亲自将厕所门上"有色人种禁用"的牌子砸了，还破例让她参加会议。她也成为团队的中坚力量，赢得了大家的尊敬。

多罗西作为有色人种计算机部的"主管"，却享受不了主管的薪资和职称。在得知巨型计算机将取代自己部门的事实后，她没有自暴自弃，而是带领部门自学计算机的相关知识，最后整个部门的人员被重新雇用。

玛丽想成为航天工程师，可她必须修完当地某所大学的课程，而这所大学不接受有色人种。玛丽对着法官说："我别无选择，只能勇当第一人。"她诉说了一名航天工作者对星空的渴望，和王尔德的"我站在阴沟里，依然有仰望星空的权利"隔着历史遥相呼应。最后，她通过了课程考核，成为美国历史上第一位黑人女性航天工程师。

3位女性面对歧视和压迫，选择了提升自我及不断用话语权对抗偏见。终于，她们都过上了自己想要的人生。

捆绑人生的从来都不是那些世俗的偏见，而是自我的设限。人生实苦，但只要你选择优秀，就能跳脱种种限制。

勇敢可贵，鲁莽却会覆灭希望。你要勇敢，而非鲁莽！

没有赢

□ 刘 墉

儿子去参加市里的演讲比赛，没能进入决赛，我问儿子："你是真输了还是没有赢？"他当时不解地说："这有什么区别？"我没回答，只是再问他："下周的另一场比赛你还打算参加吗？"他态度十分坚决地说："当然要参加。"于是我说："那么你今天是没有赢，而不是输了！"

一个输了的人，如果继续努力，打算赢回来，那么他今天的输，就不是真输，而是"没有赢"。相反，如果他失去了再战斗的勇气，那就是真输了！

海明威的《老人与海》里面说"英雄可以被毁灭，但是不能被击败"。当时年少的我不太理解其中的意思。

直到自己经过这几十年的奋斗，不断地跌倒，再爬起来，才渐渐体会那句话的道理：英雄的肉体可以被毁灭，但是精神和斗志不能被击败！

据说徒步穿越沙漠，唯一可能的办法，是等待夜晚，以最快的速度走到有荫庇的下一站；中途不管多么疲劳，也不能倒下，否则第二天烈日升起，加上沙土炙人的辐射，只有死路一条。

在冰天雪地中历险的人也都知道，凡是在中途说"我撑不下去了，让我躺下来喘口气"的同伴，必然很快就会死亡，因为当他不再走，不再动，他的体温会迅速降低，紧接着就会被冻死。

当你的左眼被打到时，右眼还得瞪得大大的，这样才能看清敌人，也才能有机会还手。如果右眼同时闭上，那么不但右眼也要挨拳头，只怕性命都难保。

在人生的战场上，我们随时都要有跌倒后再爬起来的毅力，拾起武器再战的勇气，甚至不允许自己倒下，不准许自己悲观。那么，我们就不是彻底输了，只是暂时"没有赢"。

失意时加倍努力，得意时乘胜追击。

没有一场考试能决定你的未来

□八月长安

我不记得我的高中生活是怎么结束的,最后一堂课老师是怎么收尾的,我们有没有哭;我甚至不记得我在哪个考点考试,前后左右坐的陌生同学长什么样子,有没有发生任何好玩或惊险的事情……

最后一科铃响,全体起立,把卷子交给老师,那一刻的心情多么珍贵啊,我在想什么?

我竟然都不记得了。但有两幅画面忽然跳了出来。

第一幅画面,是最后一科考完之后,我随着人潮在走廊经过一间又一间教室,看到许多监考老师在封卷。

忽然在一扇门前听到了哭声。

一个女生几乎要跪下来,死死抱着监考老师的大腿,不断重复:"你让我填上吧,求求你了,否则我的人生就要完了。"

我经过这扇门只用了短短几秒钟,可这句话我一直都记得。年轻的时候我也一样,在每一个错失的机会和每一次遗憾的失败面前痛哭流涕,轻易地认定:我要完了。

但我不想嘲笑曾经的自己和那位陌生姑娘。我说过的,以过来人的眼光看,高考不过是人生中的一个小土丘。但当时这个小土丘离你足够近,也足以遮蔽你的全部视线。

谁能苛责我们呢?18岁,我们还不懂人生,自然以为它会特别容易完了。

18岁的我觉得自己一路领先,但万一考砸了怎么办?凭什么人生要靠一场偶然性如此之大的考试来决定?凭什么?如果考砸了,一直以来的努力还有意义吗?

这个问题我一直在思考,直到今天。

名言警句、人生哲理，是先贤对世界的观察笔记，是前辈对规律的归纳式总结，描述的是概率，只是概率而已。没有任何一句箴言、一场考试能够百分之百地保证你的未来。所以我们为什么努力？为了将赢面扩大一点儿啊。

被抱住大腿的中年女老师并没有骂那个女孩，也没有流露出不耐烦，只是安静地站着，抱着封好的卷子，平静地一遍遍重复："人生不会完的。"

我猜，那位和我同龄的陌生姑娘如果还记得这句话，她一定会赞同。

我们已经绕过了那个小土丘，后来又翻过了一些更高的山。成功了，便获得更多的选择权、更大的赢面；失败了，就收获一段经历，生长出更多的悲悯心，去滋养生命的丰实，然后继续努力，把收缩的赢面再扩大，最后赢取属于自己的人生。

知道吗？做一个成年人特别棒。

我们很淡定，我们很自由，我们有特别多的选择权，有你们想要的一切。

所以，请努力、自信、谨慎地度过这两天的考试，然后成为我们中的一员吧。

哦，还记得我刚才说的是两幅画面吧。第二幅画面是光芒。我高考的时候下了整整两天的雨，结束的时候天还是阴的，等我坐上车，车开起来，忽然看到前方的乌云散了。还没落下去的太阳，就这样绽放出一缕光芒。

真正的成长，是认识到崇拜与自卑的循环，然后努力打破它。我们应该意识到，每个人的生活轨迹和能力天赋都是独一无二的。

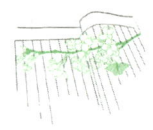

我就是那个画画最好的姑娘

□绒 绒

我从小最怕和别人比。无非是比谁穿的衣服好看，谁的零花钱多……我一边对这种无聊的攀比感到不屑，一边又暗自难过于自己着实没有一项拿得出手的东西去和他人比。

后来我终于发现自己有一项别人都比不上的技能——画画。小时候我也没上过特长班，就是在美术课上跟着老师一笔一笔地学出来的。

后来，美术老师看我在画画上颇有天赋，就让我帮忙在学校的公告栏上画板报；学校举办一些小型的美术比赛时，老师也会让我过去帮忙画海报。

慢慢地，我发现自己不再是曾经那个只会躲在角落里羡慕别人的小女孩了。每次画完学校的板报，同学们第二天一早看到跃然于黑板上的画面，准会围到我身边，追问我是如何画得这么好看的。

究竟是怎么画出来的呢？也许是因为好胜，所以每次的美术课，我一分一秒也不敢放松，每一笔线条仿佛都在我的脑海中构思了半个世纪。放学以后，我会买彩色画笔和绘画本画画；绘画本画完了，就偷偷趴在窗台上，用画笔把窗台涂得五颜六色。我觉得，人这一辈子，总应该有一样拿得出手、逢人便可炫耀的特长吧。

后来一次机缘，美术老师帮我报名参加了全市中小学生美术大赛。我的参赛作品是一幅关于鹰的国画。为了画好这只鹰，我足足用了两个月练习。每天放学后，我一个人跑到画室，一遍又一遍地画。

美术老师说，画一只鹰，最重要的是画好鹰的眼睛。于是我跑遍了小镇的书店，问店员："有没有关于鹰的图画书？"那段时间我觉得自己认识了世界上所有的鹰——它们的品种、它们的羽毛和它们的眼睛。

参加比赛的时候，我一点儿也不紧张，因为我可是做了足足两个月的准备啊!

我得奖了吗?我没有得奖。

当时对我最大的打击在于我刚刚获得的能与其他人"攀比"的资本,又瞬间被剥夺了。

这着实令我难过了一阵子。相较于"我为什么没有得奖",更令我无法释怀的,也许是"为什么我明明那么努力,却还是比不过别人"。

后来,老师发现我去画室的次数少了,画板报也不积极了,分明变回了曾经那个躲在角落里、性格有些孤僻的小女孩。

他得知缘由后,叫我去画室。我一进画室,吃了一惊。

老师显然是有备而来的,我看见那些我曾经画过的鹰,一张一张地铺在画室的地板上,像是等待我检阅一般。

老师让我先看第一张,然后跳过中间的无数张,直接看最后一张,问我它们有什么区别。

区别显而易见——与最后一张画里有些睿智与凶猛的鹰相比,第一张画里的鹰简直像一只刚刚出生、丑陋又可怜的小鸡。

我终于明白了"比较"的意义。我们是应该"比",但不是和其他人看上去的华丽与优越比,而是与曾经那个幼稚与彷徨、脆弱与迷茫的自己比。

我再回过头看自己曾经画过的鹰,原来真的每一滴墨、每一张纸都没有浪费;回过头看自己走过的路,原来真的每一步都算数。

每一分努力和徘徊时的焦灼,都是为了邂逅更好的自己。而我们也终将如愿以偿。

这件事情过去很多年,我仍然记得当年我画的那只鹰的眼睛——犀利而有光,透着倔强和不服输的神情。

我也终于愿意挺起胸膛告诉自己和其他人:"对,我就是那个画画最好的姑娘。"

成功决不喜欢会见懒汉,而是唤醒懒汉。

当优秀成为一种习惯

□一直特立独行的猫

表姐曾在上海一家很大的国际广告公司工作，风光无限。但后来因为想要离家近点，以便照顾父母，于是回到了家乡的小城市。远在北京的我替她感到十分可惜。

表姐丝毫没有懈怠，前前后后去了好几家当地比较有名的企业。她习惯了以公平竞争为核心的大城市公司，对家族企业显然不是太适应。即便这样，她还是很努力地一边改变自己，一边寻找适合自己的地方。终于，她在当地一家著名的特产生产公司站住了脚。

作为广告总监，几年来，表姐为这家公司打造了全城的广告投放。她问我最多的就是最近行业里有什么好书，有什么好的资源能分享给她。

去年，表姐换了一家更加高大上的公司做副总，此时的她，无论是收入还是社会地位，都算得上当地的上层人群了。可她依然非常努力地工作，下班后继续读书。她经常跟我交流读书心得。很多她读的书，我也有，可我都摆着没看。

其实我在北京的工作跟表姐差不多，但是很显然，我没她努力，也没她勤奋。

我觉得我在大城市里，又在行业里最好的公司，只要跟着大家一起混着，就不会掉队。在北京这么多年，仗着北京资源丰富，我就觉得这一切都是自己的。

其实并不是。那么多博物馆，我去过的不超过三个；那么多旅游胜地，我去过的不超过五个；周末那么多同城活动——书友会、名人见面会、话剧表演音乐会，我也没看过几场……你看，城市再大，资源再多，你不参与，只在自己的小世界里打转，跟在小地方有什么区别？

部分老家的人习惯了安逸，上班得过且过，下班吃喝玩乐，晚上八九点就洗漱准备睡觉。而表姐经常晚上11点还没下班，即使下了班这个时间也是在看书。她把在上海的工作标准带回了老家，即便周围人都晃晃悠悠，得过且过。表姐对自己和团队却要求非常高，所以，她的团队非常有干劲儿，有士气，和她一样优秀。表姐在大城市待过，深知小城市里资源匮乏，但环境不动，人可以动。她经常自费去上海、香港参加各种行业会议和培训。没有资源，就自己出去找资源；没有人给你掏钱，就自己给自己投资。

她不仅广泛读书，还坚持做笔记，把书中的内容与自己的工作融会贯通，学以致用。

任何一座城市、一家公司、一位老板，都不会拒绝勤奋用功、热爱学习、自我要求高的人。当你回到小城市抱怨日子无聊没劲儿、生活没有希望的时候，多半是因为你自己放松了标准。

大城市很大，好公司很多，但只有自己在其中参与并成长了，资源才是自己的。生活，在哪里都可以忙碌地奋斗，在哪里也都可以安逸地享受。当别人在吃喝玩乐的时候，如果你是坚持最久、最用功的那一个，那么你一定有出头的那一天。

真正的光环，源于自我挑战和反省后的成长，是在最痛苦的那段日子里，选择了正视自己的缺点，并拥有勇于改正的勇气。

认真的人连刷牙都用力

□蒋初一

上了大学，我第一次住集体宿舍，草莓是我们寝室年龄最小的妹子，也是她们班综合分第一名。新生会上，草莓主动发言，说自己希望从幕后专业走到台前，她之前学过播音，迫于身高没有考上主持系。

第一次见面，我不喜欢草莓，觉得她是一个野心太大而且不自知的女孩子，跟她交流也只是浮于表面。我不是很想跟她深交。

刚认识的时候，草莓每天都化妆，我对她比我齐全的瓶瓶罐罐十分好奇，草莓会把我按在椅子上，强行给我化妆。草莓学播音的时候跟老师学过化妆，连眉毛尾端都修得整整齐齐。寝室里其他两个女生自己琢磨着化妆，经常把睫毛膏涂晕，遮瑕膏也经常抹不匀，这样的事情在草莓身上一次都没有发生过，她的动作干净利落，完成后会对着镜子仔细端看。

我开始关注草莓，不管是学习还是生活，她都充满活力与自信，并且非常认真仔细，这是一个学霸的必备技能，这也是我第一次与学霸亲密接触。

在学校，草莓经常去上表演课，第一次作业是模仿动物，老师要求每个人都去动物园观察。于是第二天草莓起得很早，去海洋馆看海豹表演，回寝室后她把袜子套在手上，整个人就趴在地上打滚。为了表演得更生动，草莓要我们演游客，做投食、逗弄的动作，每一个动作她都练习了无数次，连面部表情都模仿得很像。下课后，草莓说老师只给了一般的评价，并没有表扬她，被表扬的同学模仿的是狗。后来草莓并没有气馁，照旧对每一位老师布置的角色努力钻研，但仍然未得到老师的夸奖。

我记忆最深刻的就是有次学校表演，角色需要一个比较胖的姑娘，于是草莓就每天吃高热量的食物，一天吃好几顿。要知道对于女生来说，体重、体形是很重要的，许多女生为了美都不吃饭，而她可以为了一个配角去突破自我。

很多时候，表演不是按着字面上的意思乱演，写文章需要解题，表演同样需要。草莓在表演课上跌倒了太多次，学什么都得不到好评，再怎么努力都得不到老师的认可，我以为她会颓靡下来，或者多抱怨几句，可是她没有。如果是我，我早就怒火中烧，可是草莓仍旧每天充满活力，丝毫没有抱怨老师的意思。

草莓学的专业实践性比较强，所以班里的同学基本不怎么学理论，更多的是体验生活，换句话说，就是天天在外面潇洒度日。我们学校没门禁，草莓完全可以跟同学们玩到凌晨再回来，但她从没有这样做过。排练完小品，草莓大部分时间都待在寝室里，她会在我敲键盘的时候读英语，在我完全忘记英语这门课之前敲醒我，带我一起认真复习。

期末考试前，草莓整理了一本思修笔记和一本近代史笔记，这两门课开卷考试，上课听课的人几乎为零，而草莓就是不被"几乎"包括进去的那一丁点儿人之一。查分，草莓门门优秀，我门门都差那么一点儿。"学霸"从我的嘴里说出来，再没有了嘲讽的意思。

放假回家前的最后一个晚上，我和草莓站在一起刷牙。我刷了一会儿就漱口吐泡沫，起身擦干嘴，再看草莓，她还在刷牙。草莓对着镜子非常用心地刷着口腔里的每一个角落，似乎牙刷每天都会经过同样的路径，少刷一块地方、少刷一秒钟都不可以。我擦了擦手，吞下了几乎说出口的那句"你怎么刷这么长时间啊"，因为我已经得到了答案。认真的人做每一件事情都仔细，不光是对待学习，刷牙于她而言都不算是一件小事。

我们可以欣赏他人的优点，但不必因此否定自己的价值。

上比与下比

□黄永武

古人说,当你骑的是一头笨驴时,会羡慕别人骑的是八尺的肥马,别人步轻蹄快,很快就超越到你的前面。这时你只要回头看看,还有赤着脚趾、挑着重担,远远跟在后头的樵夫,你就气愤全消。

但是有人偏不这样看,姚合有一首诗道:"晓上上方高处立,路人羡我此时身。白云向我头上过,我更羡他云路人!"永远往上看,由被羡慕到羡慕别人,姚合这样的人,这是何苦呢?

所谓"人比人,气死人",就是指姚合这一类喜欢"往上比"的人。古往今来的圣哲教人"见贤思齐",何尝不主张"往上比",不过往上比的是"精神、品德、学问"的层面,这方面的深浅高下,自己不该不明白,精神的天空是无穷的,鸡群中的鹤,虽然卓然独立,但是飞得高的还有鹄,鹄之上还有大鹏,其上更有千仞的翔凤。

精神的层面,只有智者会自觉太少,愚者才自觉太多,觉得太少的所以智慧日增,觉得太多的所以愚蠢日甚。

至于"物质、欲望、境遇"的层面,最好"往下比",骑驴者的内心有余裕,就是智慧。纵有八珍九鼎,仍不满足于甘饴适口;纵有满身锦绣,仍不满足于光彩耀眼;欲海溺人,将永远惶惶然感到欠缺不够。所以这层面,自觉够的智者,能安分知足,是真正的富有;常觉不足的愚者,日夜营营扰扰,是永远的贫穷。

德业方面不满足,才有进步;物欲方面能满足,才有幸福。清朝的刘因之,在《谰言琐记》中提出"学业上比,境遇下比"的想法,是处世的金针,他说:"处学问,取上等人自厉,则终身无有余之日。处境遇,取下等人自况,则随地无不足之时。"

凡夫迷失于当下,后悔于过去;圣人觉悟于当下,解脱于未来。

# 学习没有捷径

□ [英]卡洛琳·李 译/佚 名

有一个小伙子总感觉自己学习很不得法，而且汲取的知识非常少。他想找到一条捷径，以便自己很快地领略知识的奥妙。于是，他就到深山老林里去拜访一位智者。

小伙子很虔诚地向智者问道："大师，请问我要怎样做，才能够很轻易地就学会您所有的智慧呢？"智者听到小伙子问了一个这样的问题，笑了笑，反问他说："那么，你认为应该怎么做，才能够学会我所有的智慧呢？"

小伙子想了想，立刻说："我认为，大师最好能够一次教会我所有智慧的关键，让我能够完全了解大师您所了解的事情！"

智者又笑了笑，但是他并没有向小伙子说什么，只是静静地从桌子上拿起了一个苹果，然后放到嘴边，大大地咬了一口。

智者望着小伙子，口中不断咀嚼着苹果，仍然是一言不发。过了很长一段时间，智者才慢慢地张开嘴，把口中已经嚼碎的苹果，吐在了他的手掌当中。

这时，智者伸出手，把自己已经嚼碎的苹果拿到小伙子的面前，然后对他说："来，把这些吃下去！"

小伙子相当惊讶，不知所措地说："大师，这……这怎么能吃呢？"

智者又呵呵地笑了笑，说："我咀嚼过的苹果，你当然不愿意吃；然而，你为什么又想要轻而易举地就汲取我智慧的精华呢？你难道真的不懂得所有的知识，都必须要你亲自去咀嚼吗？"

坚持的昨日叫立足，坚持的今日叫进取，坚持的明天叫成功。

可以慢，但不能停

□沈十六

上大二时，我被分配到新生班级给辅导员帮忙，认识了一个学妹。她父母有四个孩子，家境贫困，父母不太赞成她上大学，想将她留在身边。但学妹不想那样过一辈子，她想去看看外面的世界。

父亲无力支持的学费，成了她远走的障碍，但她并未妥协。入学前的暑假，学妹一直在饭店里打工挣钱。一天十小时，上菜、撤桌、招呼客人，忙得昏天黑地。两个月，她赚了4500块钱。她一个人拿着录取通知书去教育局申请助学贷款。她心里憋着一口气，就想出去看看，哪怕就一眼。

但入学第一个月，学妹就有点迷茫了。她觉得自己和周围的世界有些脱节。她不知道宿舍姑娘说的服装、化妆品品牌，也不知道最新最火的游戏、动漫，她不知道该怎么融入其中。

我听着学妹的叙述，有些动容，找出纸和笔，对她说："你写出想做的事情，一件一件实现它们。记住，不要去跟随别人，最重要的是找到自己的节奏。"

她趴在我的书桌上开始写字，跟我说："学姐，大学期间我要拿奖学金、赚生活费、买电脑，还要坚持写东西。"我看着她笑了笑，知道她已经好了许多。

为了完成她说的那些事情，学妹的生活开始忙碌起来。周末去兼职，做过家教，发过传单，还做过推销员。期末，学妹成绩排名年级前三，很顺利地申请到了当年的国家级奖学金。寒假，她联系了一家烤肉店去当服务员。学妹的大学生活简直忙到起飞，但对于生活的辛劳，她从不抱怨，只是说自己终于可以自食其力，她要让家里的日子好起来。

后来，我去北京实习，我们俩渐渐减少了联系。再见面时，她虽然又瘦了，但气色不错，打扮时髦。我为她感到高兴。

她眼圈微红，告诉我她要去房地产公司实习，"家里有借款需要还。我得先挣钱帮帮家里。尽了责任，再想自己"。

我心里微酸，有些心疼她。学妹明明和我差不多的年纪，却不能在最好的年华去追逐自己想要的东西。梦想，对她来讲是一件奢侈品。

2014年年末，学妹突然打电话给我。她激动地说："学姐，我终于攒够钱了，还清了家里三万多元的外债和助学贷款。我决定辞职，明年就找跟新闻有关的工作。学姐，你能给我推荐一下工作方向吗？"

听到这个消息，我比她还高兴。这个女孩终于可以卸下枷锁，做自己了！

学妹回家前我们见了一面，我有些惊喜，她变得很从容，眼神更加坚定。也许是因为她知道，她有不用惧怕未来的能力。

没几天，我接到了学妹的电话，她说去报社实习的事儿得延后。"母亲的膝盖受伤了，劳损严重，医生建议动手术，母亲身边需要人照顾。弟弟明年高考，也需要我辅导一段时间。"

我听她说完，心里有些难受。学妹也有自己的人生要过啊！她很自然地对我说："学姐，再过半年我就能做自己想做的事儿了。你知道我有多么羡慕你吗？你想去西藏，努力赚够路费就行，但我还要考虑下学期的生活；你想去北京做杂志，连老师推荐的报社实习都可以推掉，立刻赶去北京，而我实习还得想想家里。但我一点儿都不嫉妒你，因为我知道，只要自己努力，接下来的日子我也可以像你们一样。"

她说得我热泪盈眶，隔着时空痛哭起来。

西北的风沙，吹过她干瘪的家境，但给了她丰盈而坚韧的精神，那些经受过的苦，使她变得坚强而独立。

家庭的背景不会阻碍你努力，自身的相貌不能影响你变好的决心，只要你愿意努力，总有一条路可以到达你想去的远方，成为你想成为的自己。

我知道学妹会越来越好。

生气不如争气，抱怨不如改变。

守好你的孤独

□小令君

进了大学以后,我变得独来独往,很不合群。

刚进大学的我倍感压力,身边是各地精英,万一掉到倒数的位置,岂不是无颜面见江东父老?

我下定决心大二转专业,转专业的条件是成绩年级排名前三。于是,大一第一学期成了我有生以来最用功的一个学期,简直比高三还努力,经常早出晚归去图书馆自习。这是我第一次与大家拉开距离。不怎么跟大家一起玩的"学习狂",总是不怎么招人待见。

一年后,终于成功转专业的我,刚下定决心要跟大家打成一片搞好关系,家里此时又发生了变故。于是我开始起早贪黑地打工赚钱,除了考试前会出现,大家平日里和我也只是见面打个招呼。于是,我一个人,起床、上课、兼职、吃饭、看书、旅行……

而当我被越来越多异样的眼神和闲言碎语包围时,我终于明白这种感觉叫作孤独。我开始为这样的孤独感到难过和恐慌。我试图去融入我并不是很喜欢的小团体,加入我并不感兴趣的话题,试图去和别人一起做些事情,甚至插科打诨,大声说笑,以显得我很合群。但一旦安静下来,我就无比空虚。

我常常会在一大群同学或朋友都在开心唱歌、喝酒、吃饭的时候,偷偷溜出来,找个安静的地方,坐一会儿,或者提前回学校。我告诉自己,这样不行,你得留下来,你得加入他们,不然你会越来越不合群。

可是往往留下来又让我觉得自己像个躯壳一般,浪费生命。终于有一天,实在郁闷得无处诉说,我给学校的心理辅导老师发了一封邮件,内容很简单,大意就是我觉得我不被很多人理解,每当我做出和大家不一样的事情时，大家都会排斥我，这让我觉得很孤独；可当我试图融入他们的时候，我又觉得浪费时间，很假很不开心。我该怎么办？

那位老师给我回复的邮件，我至今还保存在邮箱置顶的位置。她说："如果你觉得你没错，你为何要合群？正是孤独让你变得出众，而不是合群。那些才华横溢、有所作为的人，都是会享受和利用孤独的人，他们在孤独的时候积蓄能量，才能在不孤独的时候爆发和绽放。你想淹没还是绽放？"

一直到现在，我都很感激这位心理老师。其实她也一直是个有争议的人，说话慢条斯理，却常常语出惊人，在大家眼里她就是个不太正常的心理学老师。

即便如此，我依然找了她。或许潜意识里就觉得这样一个不被常人理解的人，能够理解我这个同样不被大家理解的人。

事实上，她没有提任何与理解相关的字眼，而是反问我，为什么要合群？

是啊！为什么要合群呢？我努力让自己合群的过程，也是不断否定自己的过程。你做出了不同于他人的选择，该做的不是试图用合群去"掩盖"你的"奇怪"，而是继续不合群，用你离开人群的时间和精力，专心做你不合群的事情；最终让大家看到，你不是奇怪，而是"奇特"。而你最终的爆发和绽放，让你曾经的不合群显得那么令人崇敬与惊叹。

我很感激她，她让我知道，孤独也可以值得骄傲；让我相信，我是为了绽放而短暂地孤独。与其浪费时间去融入集体，还不如好好享受和利用属于你的孤独，好好积蓄能量，狠狠地爆发与绽放；那些害怕孤独，成天游走于饭局、酒局、歌厅里看似合群的人，或许都会淹没于芸芸众生中。而你，那个最不合群的人，会是夜空中最亮的星星。

守好你的孤独，在四周黑暗无人的孤独里，让自己拔节，疯狂生长。

每一个经历过磨难的人，都有资格为自身那由内而外散发出的光环感到骄傲。这种光环，是自己赢得的，无人能够赋予或剥夺。

我的"偶像包袱"症

□庚 渊

我是一个"偶像包袱"症特别重的人。

上小学时成绩好,性格内敛,是大家眼中典型的好学生。正因如此,我在心里常不断地告诫自己,班规禁止的事不能做。

事实上,那些班规早已是陈年戒律,连老师都不在意了。比如在教室里吃东西,只要不是在上课时吃,老师是不会计较的。但那时我特别在意别人的目光,所以就真的从来没有在教室里吃过任何东西,连一颗糖都没有吃过。

上小学六年级时,有一天课前,我突然很想吃糖,而我的口袋里正好有同学给我的糖。老师还没来,班里闹哄哄的,大家都在各自玩耍,我扫视了一圈教室,感觉这个时机非常好。我握着糖,迟迟不敢拿出来,我不知道我在怕什么,是怕老师批评还是怕同学的目光?明明是一件很正常的事,在那时的我眼里却好像犯罪一样。

最后我还是吃了,但吃得鬼鬼祟祟。我将额头贴在桌沿上,把脸埋进桌肚里,缓慢地从口袋里拿出糖,小心翼翼地剥开,然后放进嘴里,轻轻地咀嚼。我吃完糖抬起头,发现班里一个爱打闹的男生正站在我面前,疑惑地看着我。当我与他四目相对,他"喊"了一声,说:"我还以为你哭了呢,头埋在桌子下那么久。"我的脸倏地就红了。

上了初中,我依然如此,而且似乎到了一种病态的程度。

上初一时去朋友的学校看晚会,朋友递给我一片口香糖,我说了声"谢谢"便剥开吃了。然而,一片口香糖,我从晚会开始嚼到了晚会结束。只因为,我不敢吐出来。

我已经不害怕在大家面前吃东西了,却害怕把口香糖吐出来,因为觉得那样会影响我的个人形象。我看到朋友很自然地把口香糖吐在包装纸上,然后包起来扔掉,可这样容易的事我始终做不到。晚会快要结束的时候,会场已经变得很暗了，秩序也开始混乱，观众四下走动。就在这时，我猛地弯腰低头，迅速地将口香糖吐在了包装纸上，然后包好。那种慌张与谨慎，仿佛窃贼。

初一期末考试那几天我感冒了，涕泗横流，但在考场上我连鼻涕都不敢擤，只敢轻轻地用纸巾擦拭两下，但那根本是不管用的，费了好多纸，还是很难受。而坐在我前面的同学，他也感冒了，整场考试，都能听到他用纸巾擤鼻涕的声音。虽然不雅，我却是发自内心地羡慕他能这么勇敢地擤鼻涕！

我的"偶像包袱"症直到高中也没有痊愈。

上了高中，事情似乎更糟糕了——上课时我想上厕所，都不敢举手跟老师说。

我总是很在意别人的目光，很害怕别人的目光，害怕自己成为焦点。

上小学时我是升旗手，在升旗走场时，我总觉得旁边有不怀好意的同学在笑话我腿粗，于是我和老师提出退出，并且从那之后我再也没有穿过裙子。

从小学到高中，我都不算一个长得好看的人，理应是没什么"偶像包袱"的。长大后，我才渐渐明白，那不是"偶像包袱"，而是深入骨髓的自卑。

我一直很害怕人群，始终认为别人会注意到我。他们看我，就会笑我皮肤黑、笑我腿粗、笑我个子矮，笑话所有我身上能嘲笑的地方。我的脑袋会嗡嗡作响，手指僵硬，脚可能会因为紧张和害怕而变成一只"内八"、一只"外八"，严重的时候额头甚至会冒冷汗。

我笑话自己患有"人群恐惧症"。我的"胆小"随着年纪的增长而消减。尽管还是害怕人群，但阅历已经让我明白一个道理——没有人在看我，我其实不需要在意别人的目光。

每个人都很忙，忙着生活、忙着生存，就算大家走在路上，注意的也只会是那些非常好看或者非常奇怪的人。我不必那么在意别人的目光，吃糖、将口香糖吐出来、擤鼻涕，都是再正常不过的事，只要不打扰到别人就好了。就像高一那年同桌对我说的一样——你不必担心那么多，又没有观众。

拒绝躺平，活出青春亮丽，"万里不惜死，一朝得成功"。

人生的两种行动方式

□王吴军

巴甫洛夫是俄国生理学家、心理学家、医师,曾荣获诺贝尔生理学或医学奖。一次,一个年轻人问巴甫洛夫:"您是研究生理学的,请问人的一生共有几种行动方式?"

巴甫洛夫说:"这个问题我想从生理学之外的角度来回答你。人的一生基本有两种行动方式,一种是向下滑,一种是向上攀登。"

年轻人又问道:"您能详细说一下吗?"巴甫洛夫说:"一眼看上去,你会觉得向下滑很容易,向上攀登很困难。实际上正好相反。向下滑的人很快就活得累了,他们一般都过早地退出了人生舞台。而向上攀登的人却可以一直往前,他们甚至到了九十岁依然精神饱满、神采奕奕。

"虽然向下滑很省力气,但我希望年轻人都能做向上攀登的人。因为在向上攀登的过程中你会发现,高峰永远在更高处,美好的风景也永远在更远处,这是一个丰富而有趣的过程。生命如果能攀登不止,那么就算到了老年也会精神矍铄,永葆一颗年轻的心。"

在孤独中对抗自我,一次又一次地审视并超越过去的自我,这样的过程比任何外在的赞誉更加珍贵。

# 鹪鹩还在唱歌

□ [美] 帕梅拉·R. 布莱恩 译/班 超

沉闷、多雨的春天，尽管不太冷，阵阵寒意却袭上心头。春雨连绵无尽，我的心情逐渐陷入黯淡，开始被天气支配。

又是一个雨天。我做完零活儿，以最快的速度返回温暖的房子。忽然，一阵清脆、嘹亮的声音穿透淅淅沥沥的雨声飘进我的耳朵。我从后门跑进屋中躲雨，然后，转身向纱门外张望，试图寻找声音的来源。当我静听的时候，那清亮的声音再度响起。我的眼睛聚焦于不远处的丁香丛。时值丁香花盛开，在大团氤氲的紫色中，很容易辨认出一只站在细枝上的小鹪鹩。它将自己的巢筑在空西红柿汁瓶中，那是我妈妈多年前挂在丁香枝上的。风将鹪鹩的房子吹得摇摇晃晃，雨下得越发紧了。鹪鹩用小爪子紧紧抓住细枝，仰着头，对着天空忘情地歌唱，尽管它的巢摇摇欲坠，但是它仍然在唱歌。

也许我们可以从鸟的身上学到许多。向它们学一学怎么筑巢、怎么喂养幼鸟，以及怎么对命运歌唱。鸟不要求更好的巢。它们不抱怨自己的遭际命运，只是平静地接受发生在自己身上的一切，并且尽最大的努力用生命创造一些美好的东西。

风、雨和生命的风暴同样光顾人与鸟。当你的世界摇晃时，请抬起头，记得鹪鹩还在唱歌！

无须忧虑吃什么，无须忧虑穿什么。因为，生命胜于食物，身体胜于衣裳。

莫向不幸屈服，应该更大胆、更积极地向不幸挑战！

我就是很努力，有什么好笑的

□李开春

我从小听过最多的一句话是：你（我）怎么（要是学习）这么爱学习呀（肯定比你强）！我都会回答："对啊，我就是爱学习呀。"

我是别人口中那个"学习好的孩子"，但我从来不和其他成绩好的同学一起玩，就一个原因：太累了。

好学生的圈子，大家学习都好，默认的规则是：如果取得同样的成绩，100%努力的人是书呆子，50%努力的人，就是天才。

就好像那个笑话："学霸"之所以考100分，是他的实力只有这么多；而"学神"之所以考100分，是试卷只有这么多分……我高中时在重点学校的实验班，按成绩排座位。每天早上，坐在前两排的同学，讨论的不是昨晚的数学作业和物理大题，而是最新的电视剧。谁看的种类多，看的时间长，谁就在这场无聊的攀比中占了上风。

我前桌是个好胜心极强的人，每天变着法讲各种电视剧的进度。不仅如此，课间休息和午休总抱着一本言情小说"啃"，还逢人就介绍。

但事实上，她妈，也就是我妈的同事，向我们描述，她每天看书看到凌晨三点。

在我二十多年的好学生生涯中，遇到过太多这样的人。一方面，学霸们为了证明自己是天才，装作"不读书也能取得好成绩"，来打击和迷惑对手。另一方面，他们可能也怕，如果努力却没有成功，会遭到别人的嘲笑："你看他那么努力，不也就那样？"

我懂这种心情，人总希望给自己留一点儿余地，失败的时候起码还可以说，我只是"没有用功"，而不是"我不行"。

很多事情都是这样。有一个博主，每天发各种美食图片，说自己从不刻意节食减肥，也不去锻炼，但依然能保持完美身材。

后来被粉丝扒出：事实上她从来不吃高热量的食物，三餐控制得很严，每次拍完照，食物不是分给同伴就是扔掉；每天去健身房，从不间断。

在人们的潜意识里，"毫不费力"似乎比"拼尽全力"更高级。人们羡慕天生就拥有各种成就的人，所以拼命假装自己就是那样的人。

我相信世界上可能会有天生就瘦，天生就美，怎么折腾也不变样的仙女，也可能会有不努力也能比一般人厉害的天才。但是我觉得，靠努力维持的好身材、好面孔、好成绩，一点儿都不逊色。

比起隐藏自己努力的人，那些自己偷偷努力，还对其他努力的人冷嘲热讽的家伙，更过分。

我上大学时班里有个男生，每天在宿舍戴着耳机，打开电脑的视频播放器，让人以为他是在看剧。

实际上，他的视频永远是暂停状态，屏幕的角落里是各种学习资料。有人经过的时候，他还会故意频繁敲击鼠标，装作在玩游戏，时不时转头问室友："喂，你们不杀两把吗？"

看到同寝室的同学在学习，他还会忍不住吐槽："你学习好努力好认真啊！"

看到室友出门，他必定追加一句："又去图书馆学习啊！"他去图书馆，碰见室友，立马解释："来图书馆蹭会儿空调。"

这样做真的好吗？

自信的人，不会阻止别人努力，只会让自己加倍努力。不可否认，人需要幸运，但更需要的是努力。我觉得躲躲藏藏不让别人知道自己有多努力，很不大方，这会让努力了却没有得到回馈的人感到不公平。

要诚实面对你获得成功的过程，同时不要对自己的努力孤芳自赏。

这样才对。

没有哪件事情，会是白做的，如果当下没有收获，那一定是在给未来的某个时刻做准备。

澳大利亚学校的"失败课"

□佟雨航

前不久,我应澳大利亚友人麦克弗森之邀,前往澳大利亚参观学习。麦克弗森是澳大利亚艾文豪女子文法学校的教导主任,她领着我对学校进行了全面参观。虽然澳大利亚的诸多教学方法令我耳目一新,但最吸引我和令我大开眼界的是这所学校的"失败课"。

"失败课"是艾文豪女子文法学校新开设的一门课程,每周只有一堂课。设置"失败课"的目的是锻炼学生的心理健康和精神恢复能力。"失败课"的宗旨是失败、勇敢、冒险以及尝试创新。

"失败课"的重头戏是学生的失败感言。在上"失败课"前一周,老师会给学生布置一份作业,让他们用一周时间来完成。

但这份作业通常在一周内是无法完成的(少部分学生或许能完成)。当一些学生在"失败课"上交不上合格的作业时,老师就会让这些学生站在讲台上发表自己的失败感言。

为了让我更直观地了解和感受"失败课",麦克弗森把我领进一间正在上"失败课"的教室,坐在最后排现场观摩"失败课"的整个教学过程。一位数学老师站在讲台上,在黑板上写了一道几何证明题,然后让学生一个一个上台解题。麦克弗森悄悄告诉我:"这道几何证明题刻意出得有些难度,目的就是让学生解不出来,让学生与失败面对面。"果然,正如麦克弗森所说,学生们一个个跃跃欲试上台解题,又都一个个垂头丧气地走下台来,没有一个学生能正确解出题来。

教室里笼罩着死气沉沉的失败气氛,学生脸上都露出一副沮丧的表情,静默无声。这时,教室门被推开了,出题的数学老师闪身退出讲台,一个戴着眼镜的女学者走上讲台。麦克弗森又悄悄对我说:"这个戴眼镜的女学者是我们特意请来的昆士兰大学的心理学专家梅丽莎，是专门来给学生们做心理辅导的。"课堂上，梅丽莎开始对学生提问，然后让学生一个个走上讲台，大声说出自己失败后的心理感受。

当学生们倾吐完对失败的感受后，梅丽莎重新走上讲台，对台下的学生们说："失败是每个人人生路上必须经历、无法回避的一段或多段历程，它就像我们走在路上遇到的一块块绊脚石，我们被它绊倒摔了个跟头或跌破了膝盖，但我们没必要对此感到恐慌和害怕，跌倒了再爬起来就是，膝盖破了包扎一下，然后拍拍屁股或揉揉膝盖重新上路，继续朝着我们的人生目标前进，依然能到达我们人生的目的地……"

下课后，我利用课间十分钟对几名学生进行了现场采访："你喜欢上'失败课'吗？你在'失败课'上都学到了什么？"

一个名叫汉娜的学生深有感触地说："每个人的人生迟早都会面临各种各样的失败，越早学习怎么去面对它越好。如果你接受了曾经的失败，那些失败不仅不会阻挠你，反而会帮助你。"

走出教室，我感慨颇深：学生们只上过一次"失败课"，便能对失败有如此深刻的认识，真的有点出乎我的意料。梅丽莎对我总结说："'失败课'最想教给学生的，是让他们了解失败的重要性，鼓励他们不要畏惧失败，勇敢地面对失败。"

> 不要害怕拒绝别人，只要自己的理由正当。当一个人开口提出要求的时候，他的心里已经预备好了两种答案。所以，给他任何一个其中的答案，都是意料之中的。

当所有人都在努力，希望你学会借力

□韩大爷的杂货铺

优秀的人，都在借力。

读大学的时候，我有幸参观了某位教授的书房。之所以称"有幸"，是因为听说他博览群书，藏书量也很可观，能去看一看，也算抬升眼界了。

可当我走进去的时候，一方面，书架上的一些大部头著作以及我听都没听过但看起来很高大上的书籍，确实满足了我的初心。

另一方面，则不免有点儿心理落差，我竟然在他的案头看到几本畅销书，甚至还有几本知识分子不屑一读的成功学、厚黑学书籍。

可他明明是一位治学严谨、醉心于学术的名师啊，怎么堕落到读这些东西了？

正当我盯着它们走神的时候，教授走过来，且看穿我的心思，解释说："啊，这些书我也偶尔翻翻。"

我禁不住问："可这些书您读着多跌份啊！"

他哈哈一笑："凡是能拿到市场上售卖的书，多少都有点儿价值，尤其是这种畅销书，虽然某些地方挖得不够深，但通俗有趣，多读一读，学学人家怎么把理论讲得深入浅出。我平时睡前还会读网络小说呢，嗨，难怪你们年轻人喜欢，那文笔是真流畅！我有空的时候也想研究一下它们的流行原理。"

我看着这位年过半百的老人眉飞色舞地跟我谈网络小说，又想起他在课堂上将艰深的知识点讲得游刃有余，心里生发出比来时更真切的尊敬。

世界上的任何事物都有它独特的运行法则，只要把握好这个法则，就能够纲举目张，事半功倍。更高效的学习方法，就藏在老师和优秀的同学那里。

这个世界上，除了努力，还有借力。努力拼身体，借力拼脑子。当你已经努力到极致，千万记得，还有借力这一说，也许它可以助你柳暗花明。

不再因他人的光芒而感到自我黯淡，不再因他人的成功而失去自信。每一次的"祛魅"都是自我意识的升华，是对个人价值的重新确认。

用一生去做好一件事

□刘颖倩

纪录片《我在故宫修文物》中，出现了许多文物修复师。他们日复一日地忍受着枯燥，在文物面前一坐便是一辈子。宫廷钟表修复师王津，16岁进入故宫，修了40多年钟表，没换过工作。他尝试过用8个月的时间，修复一对乾隆皇帝钟爱的铜镀金乡村音乐水法钟；青铜组老师傅王有亮曾挣扎过想离开，最终被青铜文化牵动，依旧留守在故宫这片方寸天地，一待就是40多年；书画修复组的徐建华师傅，退休后重返故宫，想把毕生的技艺传承下去。

守得住寂寞，才开得出繁华。正是有了他们的坚守，才有了物华天宝重见天日的一天。在一墙之隔的故宫之内，他们续写着中华文化的华丽篇章。

唐代张祜有诗云："精华在笔端，咫尺匠心难。"真正的匠人，对手中作品的每一个环节，每一道工序，都有着近乎严苛的追求。专注与坚守，就是他们的信仰。他们选择用最简单的方式过一生，择一事，直至终老。在日复一日的简单重复中，他们用时光织就了一件件传承世间的瑰宝。

日本顶级木匠大师秋山利辉创办了一所木工社。要求社员在学习的4年期间必须住宿，只有每年的盂兰盆节和过年时才能与家人见面。不管男女，都需要剃光头，穿木工社的制服。每天，在5点之前就要起床，晨跑后做料理。7点，所有人参加早会，确认一天的工作，背诵《匠人须知30条》，而后各自去车间学习工作，直到太阳下山才结束。在他的木工社，社员不能用手机，不能谈恋爱，如同苦行僧一般修行。他认为，只有当一个人聚焦在当下，才能唤醒本心。长期在一件事情上磨砺，才可以大放异彩。生活回归简朴，断绝向外求索，才可以让本心的源头活水重现。最终，从这里毕业的人都会成为超一流的木工大师，成为日本木工界的顶梁柱。

最宝贵的东西，都是需要用岁月去打磨的。假如我们做不到像大师们那般严苛也不要紧，至少要学会坚持做好一件事情。如此，在平凡的岁月，我们也能看见自己用时间塑造的全新自我。

在一个音乐交流会上，见过一位大师弹古琴。我不是内行，只是凑凑热闹，听不出好坏。当全场安静下来的时候，大师旁若无人，用他灵巧的手指调音。他调了许久，却不开始，仿佛我们这些看客都变成了一堆石头。两分钟后，大师气定神闲地开始弹奏。他的指尖在古琴的7根弦上来回拨弄，指下时而有如风云，时而又如高山流水。纵然是不解音律之人，也意兴悠悠，心旷神怡。此刻，琴音弥漫在整个空间，意境悠远而绵长。想起《列子·汤问》对优美旋律的描述——"余音绕梁，三日不绝"，就是这个意思。有知情人悄悄告诉我，大师从5岁开始师从名师，每日不间断练琴，用了40年，方有今日之成就。

纷繁的世界里，我们有太多的选择，以至于把时间都分散到各处。若是我们能把时间都集中在做好一件事情上，相信大部分人都可以成为这个世界的顶级匠人。格拉德威尔在《异类》中写道："人们眼中的天才之所以卓越非凡，并非天资超人一等，而是付出了持续不断的努力。"1万小时的锤炼是任何人从平凡变成超凡的必要条件。实际上，这些大师付出的，远远不止1万小时，所以他们能站在技艺的顶端。在大千世界里，我们都开始变得浮躁，不再愿意为一件事情，付出所有的时间和努力。相较于大师们一生只做一件事情，更多的人选择频繁跳槽，追逐名利。正是这种差别，拉开了平凡人与匠人的距离。

每个人的天资都差不多，那些舍得花费一生专注一件事情的人，对自己的要求更高，这就决定了他能走得更远。李宗盛在《致匠心》里说："我们要保留我们最珍贵的，最引以为傲的，一辈子总是还得让一些善意执念推送往前。我们因此要试一试听从内心的安排，专注做点儿东西，至少对得起光阴岁月。"

时光做波
眉目成书

向着月亮出发，即使不能到达，也能站在群星之中。

该停手时就停手，是及时止损的秘籍

□ [美] 玛德琳·格兰特 译/佚 名

你突然赶着去买牛奶，走到一半的时候，想起来这家店礼拜天下午是不开门的。而且据你所知，附近的店都不开门。不过，你已经朝着那个方向走了10分钟，所以至少应该把路走完，对吗？

除非你真的很想活动活动筋骨，不然这种想法真是蠢得可以。但奇怪的是，这种不合逻辑的认知模式在我们的决策过程中非常普遍。

我们都会做这种事。去电影院，明明看了10分钟就知道自己不喜欢，却坚持看到剧终；或者已经不再喜欢的电视节目，却又看了一季。这就是"我在我的旧车上已经花了好多钱，舍不得现在就把它扔掉，但我知道我真的应该更换那个出了故障的变速箱"背后的逻辑。还有那些因为不想两人的关系"烂尾"，相处不来，却又数年不愿分手的人。

在这些例子背后，是这样一种现象：人们无意止损。我们更乐于把时间或者金钱不明智地投在一个不会有结果的项目上，心里期盼着它会改善，而不是遭受打击后走开。这背后的推动力是乐观情绪，以及对失败的厌恶。

那么，我们如何才能避开沉没成本谬论的这些陷阱呢？

荷兰莱顿大学的社会心理学家和研究员埃弗雷特说："通常情况下，我们可以后退一步，考虑其他选择，这样就可以部分抵消它们的影响。"

你看，越是穷途末路，我越是势如破竹。

第二辑

努力必须张扬，人生才有锋芒

挫败不是结局，是下一程的起点

□韩云鹏

小时候的我，很怕考试。考试本身倒没什么可怕的，无非是几张纸，上面印着几道题。可这几张纸上承载的东西，重得让人喘不过气来。考得好，自然好；考得不好，则意味着失败。而"失败"这两个字，像黑洞，像深渊，里面塞满了"你不好""你不行"的负面评价。

一想起这些，我的心理防线就会全面崩溃，最终发展为生理表现，导致我每次临考时，都要去医院输液。

父母心疼，不止一次开导我："放宽心，这次考不好，还有下次嘛。"他们不开导还好，一开导，我就想到如此折磨人的事居然"还有下次"，更加痛不欲生。

是的，那时的我，最盼望的事，便是有一次"终极大考"，考完这次，以后再也不用考试。最好还能把优异的成绩印在脑门上，后面加一段评语：该生经"终极大考"鉴定，很聪明、很棒、很优秀，而且会一直这么优秀下去，今后谁也不要再考他！

然而一切都是幻想，幻想过后，我又进医院了。

那天输液时，旁边的病床上躺着一个妈妈，她的丈夫跟不满两岁的孩子陪在她身边。看样子小孩儿还没学会走路，走两步摔一跤，在妈妈的鼓励下爬了起来，再走再摔。看他摔倒后也不哭闹，只是将寻求指导的目光投向身边的人，呆呆的样子很可爱，我和母亲都笑了。

母亲对我说："你小时候也是这样学走路的，磕磕绊绊，但从没哭过。因为在孩子的眼里，没有什么成败的概念。无非是这次没走好，站起来再试试其他的走法罢了。"

我若有所思。母亲转而问道："我们来猜猜，如果这个孩子某一次走得不错，便像你希望的那样，得到一个终极评价——这个小孩儿走得很棒，以后不用再走了。那以后将会怎样？"

我脱口而出："那他可能一辈子都学不会走路。"母亲接下来说了一番让我受用一生的话："人从出生到长大，其实会遇到无数次考试。然而考试并不是对过去的评定，而是对未来的指导。这次筷子没用对，下次你就知道不能这样用筷子了。这次在这里摔了跤，下次路过时，你就会告诉自己小心点或绕开它去走另一条路。人都是这么一点点成长起来的。但如果你拒绝失败，也就拒绝了环境给你的反馈。没有反馈的人生，终将一事无成。"

后来，我在一次次的失败中学习，在一次次的反馈中矫正，历经无数次考试，读了大学，念了研究生，才知道母亲所讲的正是"成长型思维"。

所谓成长型思维，就是把自己看作一条流动的河流，相信人的能力绝非一成不变，而是不断提高的。提高能力的方式，正是通过不断经历检测，查找可提高的点，接受环境给你的一次次反馈，奔流向前。

与"成长型思维"相反的，是"僵固型思维"。拥有僵固型思维的人，会把挑战看作"证明自己可能不行"的风险，因而回避挑战；而秉持成长型思维的人，会把挑战看作提高能力的机会，进而迎接和拥抱挑战。

人生是一场无限游戏。只有在有限的游戏中，才存在谁胜利、谁失败的说法。而在无限的游戏中，没有一蹴而就的胜利，不存在永恒的巅峰，更不存在爬不出来的深渊。漫漫长路上，有的只是一次次的提示、一次次的学习、一次次的反馈，以及认真接受反馈后继续前行的你。

正如英国前首相丘吉尔在一次战败后发表全国演讲时所说的一句话："我们这次的确失败了，但这次失败之中，蕴含着一种胜利。"

也正如法国哲学家阿尔贝·加缪那句广为传诵的名言："在隆冬，我终于知道，我身上有一个不可战胜的夏天。"

和光同尘 与时舒卷　　我既来了，定不负山的高、水的清，也许将来潦草收场，惨淡徒劳，可是有这一路风光，我的一生，便可自成景致。

可我偏要勉强

□林羡鱼

记得第一次听见"我偏要勉强"这几个字是在电视剧《倚天屠龙记》中，身为蒙古郡主的赵敏大闹心上人张无忌与周芷若的婚礼，面对众人劝阻，说出了这句经典台词。短短几个字，却将不服输的精神表达得淋漓尽致。是啊！纵使这世间不如意之事十有八九，可谁又想听天由命呢？每当遇到挫折，我都会用这句话鼓励自己，想着"可我偏要勉强"，便平白生出些勇气来。

那时我读小学五年级，班主任是位女老师，待我们极为严苛。不过她老公的性子倒是很随和，虽也在本校任教，却是副科老师。他很喜欢打排球，每逢体育课或自由活动时，若有空闲，他都会约我们打排球。我的排球水平在班里并不算好，发球、接球都很笨拙。可作为一项体育运动，自然势均力敌才好玩，若是连球都发不过去，光捡球能有什么乐趣？为此我暗暗较劲儿，匆匆吃了午饭，就抱着排球到场地练习了。想着老师曾经说过的技巧，我一遍又一遍地发球。那段时间，操场上都是我奔跑着满地捡球的身影。

偏巧那时候学校组织五年级各班进行排球比赛，以我的水平本是不能上场的，但老师知道我很喜欢打排球，便让我与另一名同学作为替补，轮番上场，也算是体验一下排球比赛的乐趣。记得比赛那天，轮到我上场发球时，队友们配合得好，轮轮得分，我竟然获得了连发8个球的机会。虽然接球我并不擅长，但是发球还是能够保持稳定水准的，也算为团队做出了贡献，这算是我运动生涯最光辉的时刻了。

我自然也明白，体育运动靠的是日积月累，想用短短数日就逆风翻盘显然是不现实的。我们能够赢得这场排球比赛的胜利，与同学们平常一起玩球培养出来的默契密不可分。可这件事仍给予了我莫大的勇气。就算不行又怎样呢？我偏要勉强。

哪怕是最不擅长的运动我也咬牙扛下来了，想当年我可是连发了8个球的人啊！

在诸多事上，我都算不得有天赋，纵使学习一贯还算努力，成绩却始终处于中游。我晓得寒暑假是个分水岭，毕竟到了难得的假期，大家都想适当放松一下，所以我在假期里仍旧制订了严格的学习计划。我深知，若想赶超旁人，就得狠下苦功夫。凭什么他们可以当学霸，我却要始终平庸呢？我偏要勉强，我也想混到成绩榜前几名去瞧一瞧。

高二下学期，刚开学就进行了一次考试，拿到试卷，我扫了几眼后觉得很熟悉，后来才发现多数竟是假期作业里的题……那次考试我简直如鱼得水。成绩公布时，我竟考了班级第四、年级第六，在学霸云集的班里引起了短暂的关注。那天傍晚，我坐在楼梯间与家人偷偷打电话分享喜悦。家人说："这次考得不错，继续保持。"虽然我心里明白这个成绩很难保持住，却还是暗暗鼓励自己，要永远带着这股韧劲往前走。

后来，等到学习步入正轨，我的成绩果然又回到了中游，可是那又怎么样呢？我偏不服输，靠着这股拼劲往前冲，但凡有机会，我就还能一鸣惊人。哪有那么多"黑马"，只不过是抓住了每一次机会罢了。运动如是，学习如是，生活亦如是，不擅长又怎样，只要是自己觉得值得的事，总要勉强一番才甘心。何况就算暂时没成功又有什么关系呢？我们还可以静静地等风来，亦可追风去！

和光同尘 与时舒卷

不要总是在关系中做一个好人，总是做委屈自己成全大家的事情，这不仅会让自己心生怨气，让关系变得糟糕，也是在诱导他人剥削自己。

成长会有快慢之分，却无运气可言

□老　丑

小升初的那场考试，应该是我往后"逢考必败"经历的开始。考试之前，除了语文、数学、英语，我连珠脑算、成语接龙、中英互译等都训练了一番。

然而，那所市里最好的中学没有笔试，只有面试。面对主考官提的一些还算正常的问题，我竟然无法回答出来。于是，我落榜了，狼狈地换了一所二等的初中学校赴考。

因为有前车之鉴，这次我准备充分。可是，这所中学没有面试，考试按照平时的题型出题。于是，我又失败了。最终，我不甘心地进入了一所三等中学。

在那所中学里，我奋发图强，从普通班升到实验班，再从实验班脱颖而出，被当成重点苗子单独培养。但是，令人始料未及的是，中考的时候，我的其他科目虽是满分，英语和语文却拖了后腿：英语差七分满分，而语文竟然没有及格。

我的语文成绩很好，最差的一次也只差九分满分，可谁料想中考竟然没及格。

核实一番后，我才发现，自己的作文竟然只得了25分。作文中到处是红色圆圈，圈出了里面所写的地名和人名。在考场作文里，为了避嫌，学生不可以用真实的人名和地名，我却用了。

不过，凭借其他科目的强大优势，我还是进入了市重点高中。虽然一路磕磕绊绊，但高三时，我考进了年级前三；模拟考的时候，考入了全市前100名。

自信满满的我，第一志愿报考了北大。谁承想，高考时，我的不幸发生在了考场之外：去考场的路上，我和父亲遭遇了一场不大不小的车祸。

车祸中我虽然没有受伤，我的心态却慌乱了。联想起以往与考试相关的种种不幸，我不由自主地暗示自己：一是这场考试事关重大，容不得半点儿闪失；二是可能会有更多的不幸接踵而至。

如此心态，结果可想而知：最终，我离北大的录取线差了40多分。

在回忆这些事情的时候，我正在赶赴一场面试，而我的车正堵在北四环的海淀桥下。

不远处，发生了一场车祸。过去跟考试有关的种种不利的情形不断在我脑中浮现，使得车内握着方向盘的我显得那么无助、焦灼。

然而，我并没有放任负能量变大。我知道，事实摆在眼前，怎样准时赶到面试地点，才是我应该去想的事。

我想，不如干脆拨打电话，告诉对方我现在的状况，争取得到理解。电话接通，对方竟抢先和我道歉，说他们那边的负责人上午外出有事。于是，面试改成两个小时以后。等车祸现场问题解决，我把车停在公司附近的车库时，离面试开始还有半个小时。

经过两轮严格的面试之后，我顺利地应聘上了经理职位。

那场面试，是我"逢考不幸史"上最幸运的一次了。虽然与往常一样坎坷，我却用过往的经验，让不确定因素最低限度地影响自己。

人这一生，谁都会遇到这样那样的不幸。有些人经历不幸，表面上波澜不惊，并非他们生来便有解决所有问题的本领，而是他们早已经历了足够多的不幸。所以，往后的日子，当再次遇到不幸时，他们自然可以从容不迫，应对自如。

幸运中成功，不幸中成长。没有人会一直运气不好，也没有人会一直运气很好，成长的确会有快慢之分，却无运气可言。

> **和光同尘**
> **与时舒卷**
>
> 时间从来不能阻挡梦想的脚步，一份固执的坚持，会让梦想每天壮大一点点。

哪有那么多逆袭，挺住意味着一切

□李思圆

不是只有逆袭才叫成功，于普通人而言，能够在生活的电闪雷鸣中挺住，就已经很棒了。

我相信大多数人都曾经被这样的励志故事打动过，也曾许下豪言壮语要向这些充满正能量的人物学习——

比如，一个职场新人，在遭遇身边同事的围攻、打击和不友好相待时，依旧不放弃自我的学习和成长。在他坚持不懈的努力下，最后因无心插柳的小事，意外被公司领导赏识，于是一跃成为公司的精英人物。

再比如，一个被相恋多年的男友抛弃，在失恋的泥沼里沦陷的女子，突然燃起了昂扬的斗志，然后忘掉悲伤、忘掉痛苦，把所有心思和精力都放在事业上，最后成为一个有颜又有钱的女强人，被身边的成功人士追得挑花了眼。

可是当你看完了别人精彩的逆袭之路，再来看自己所面临的处境时，你会发现：即便你再努力，领导也并不见得会给你晋升的机会和空间；即便你再强大，也难掩被抛弃时的绝望和悲伤……你会想，为什么牛人都改写了人生，而你就是做不到呢？

我的同学娜娜，刚入职时，被部门的一个老同事欺压。老同事总是喜欢在领导面前讨事做，制造一种他"很敬业"的假象。然后他把写不完的报告、做不完的分析、改不完的方案，通通扔给娜娜，还不准她走漏半点儿风声。

那时的娜娜刚踏入社会，人生阅历不足，工作经验尚浅，而且那年正是最难的就业季，很多人都找不到工作，甚至还有大学生去面试环卫工作，所以即便在那家公司再委屈，娜娜也只能暂时忍耐。

那是她人生中最苦的一段日子。她连跟领导交谈的机会都没有，所有工作的进度都是由老同事去汇报，而出了问题她就会被拉去当挡箭牌。娜娜特别沮丧，她说："我也跟那些牛人一样努力，可我不仅没有遇到扶持我的贵人和从天而降的好运，反而每天都如履薄冰地挨日子。"

她问我："你说，我是不是很失败？"

我安慰她说："其实你已经很优秀了，因为挺住就意味着胜利。"

她听了我的话，突然抑制不住地大哭起来。

我们都是普通人，没有超能力，没有金钟罩，更没有万事通的本领，我们有的只是跟困难斗争到底、保证不被它打趴下的毅力。而这，就已经是竭尽全力所能得到的最好成绩了。

朋友梅子前段时间跟蜜恋了8年的男友分手了。分手的原因有很多，但最根本的不过是男友有了二心。

知道真相后的梅子简直痛不欲生，虽然果断地跟前男友划清了界限，却始终走不出心理阴影。毕竟爱了一个人8年，即便再冷血的人也会攒出深厚的感情，如今落到分手的地步，怎么能说过去就过去呢？而彻底忘记前男友，梅子花了整整3年时间。

如今梅子终于可以释怀，也找到了人生中的另一半。但那男孩子也并不是很多故事里讲的那样各方面条件都要胜于前男友，事实是：新的男友没有前男友帅，也没有前男友幽默有趣；不过，他倒是足够爱她。

其实，一个人只要能从痛苦的经历中走出来，就已经算是一种成长了，虽然时间久了一点儿，虽然结果并不是那么完美，虽然也受了伤，可是只要你从那段最难的日子里挺过来了，你就该为自己鼓掌。

无论是逆袭，还是挺住，都意味着你的强大和努力。逆袭只针对那些极少数的人，但挺住，同样不容易。

这个世界并没有那么多逆袭成功的例子，当你处在困境时，当你怀疑自我时，当你觉得自己无能时，请告诉自己——挺住的我，就已经是最棒的了。

挺住，就意味着离更好的自己又近了一步。

> **和光同尘 与时舒卷** 快马加鞭君为先，自古英雄出少年！

真正拉开差距的是低潮期

□佚 名

按60岁退休来推算，我们平均的工作时间有30多年，在这么长的时间里，不经历低潮期基本上是不可能的事情。

马云创业之初，处处碰壁。他却没有放弃，在低潮期坚定自己的信念，积极实践，才有了如今的成就。

面对低潮期，有两个选择：一个选择是自怨自艾，混日子；一个选择是蛰伏，积蓄能量。

作家三毛曾经说过，苦难对我们，成了一种功课，一种教育，你好好地利用了这苦难，就是聪明。

作家陈忠实如果考上大学，也就不会有后来几十年在黄土地上生活的体验，他也就写不出经典的《白鹿原》。

我们不是说经历低潮是取得成就的必要条件，处于低潮时你如何做，才是重要的。我们不用举出更多例子，有人在低潮时沉寂，也有人通过低潮到达高峰。

生活对每个人都是平等的，差距在于如何面对低潮期。

好好利用低潮期，就是聪明。

和光同尘 与时舒卷　命运把人抛入低谷时，往往是人生转折的最佳时期。谁能积累能量，谁就能获得回报；谁若自怨自艾，必会坐失良机！

豆浆的假沸

□江泽涵

煮豆浆不像烧开水，第一次沸腾时并不烫嘴，铲子一搅锅心就平静了，如此三四次后滚开才算真的沸腾了。假沸之理很简单，锅底豆渣经不住高温扰动时，也带动了豆浆。

还有徒手入油锅而手不伤的戏法。锅中也分上油下醋两层。醋不溶于油，且密度较油大，故沉于底，沸点也远比油低，与体温相当，故率先沸开，并催动油沸，而传导给油的温度也只是略高于体温。

除了豆浆和热油，存在假沸的还有人生。人生最忌微见能耐，薄有小成，就不可一世，其实才只是平地头一浪，可怜白白浪费了余生能用作继续精进的大好时光。人生苦短，唯有戒奢戒躁，代之以朴实勤勉，才能达成一次次的自我洗涤。

人生与煮豆浆相仿，但也有区别，豆浆沸过头，容易干煳，煮出有害物质来；人生却无止境，所谓高处不胜寒，只是一时的心境，已登峰顶者也尚有在其他领域成功的机会。

换一种思路，就会换来另一种结果。

和光同尘
与时舒卷

路程再长，你思考的时候已经有人走在路上；未来再远，下一秒钟便是你在幻想的明天；奋斗再难，有梦想就有成功的希望。祝你好运，早日成功。

全力以赴之前，别说自己没机遇

□韩大爷的杂货铺

在电影《面对巨人》中，有这样一则小故事。

两位农民，靠天吃饭。结果某年，天大旱，两个人都非常希望上帝赶紧下场雨，每天都祷告。唯一不同的是：一位农民是坐在家中祈祷；而另一位，则在祈祷的同时，也在田里做好了耕种的准备。

假如真的存在上帝，且他老人家宅心仁厚，那个坐在家中祷告的农民，同样会叫苦不迭。因为他只会在大雨倾盆而下的时候高兴一秒钟，转而就会发出痛苦的哀号：老天呀，您倒是提前通知一声啊，我那地还没种上哪！

天气是有预报的，然而生活没有，比的就是：看谁能在最不确定的环境下，做出更确定的努力。

我这辈子参加过的最心塞的一场考试，是考研英语。我平时这科成绩就不好，再加上考研英语的难度早有耳闻，就干脆两眼一闭，甭说做题了，连单词都没记几个。

当时报考的院校专业，在全国排名第一，竞争的激烈程度可想而知，自己更是被这阵势给吓住了，临考前近一个月，就自动放弃，等死般混了过去。

结果比电视剧都精彩。卷子一发下来，我才发现：考试中最令人悲哀的，不是你不会，而是你全有印象，愣是一道题都答不上来。

走出考场，听同学在耳边议论：啊，今年的题，真的很基础啊。成绩单发下来的时候，我是一行一行往下读的。"政治，分数还行，达到了预期……""啊！专业课一这么高，有戏啊！""专业课二，啊！这是要上天啊！""英语……"

这个世界上最令人绝望的不是你不行，而是你本可以。我相信有不少人都埋怨过：哎呀，我与成功，只差一个机遇！然而又有几个人扪心自问过：真的只差一个机遇吗？我们总是自以为有无穷的潜力，但少有人将它们变成实打实的本领，然后一边耕种，一边等待下雨。

《镜花缘》中有句流传千古的话：尽人事，听天命。然而多少年过去了，人们越来越倾向于背后半句，把命运交给街边的摊位，把愿望交给锦鲤。这世上的事本就充满不确定性，先把你能做的一切事给做透了，然后再去想其他，才是真正的聪明。

电视剧《士兵突击》里，有一段令人印象深刻的剧情：在某次演习中，许三多所在的小组，遭遇"敌方"强火力围攻，队员彼此失联。更加糟糕的是，一辆载满易爆化学品的货车起了火，尽管许三多前去扑救，但还是控制不住火势。他没办法，就干脆上车，将"危险"开出一米，再开出一米，直到远离了居民区。那次任务失败了，但许三多受到了认可，首长对他的评价只有一句话：只有他在最绝望的情况下，做出了最大的努力。

生活没有演习，每一步都真刀真枪。哪怕你做不到第一，还可以去追第二，追不上第二，也要把第三先攥在手里。这一切都干完了之后，我们才有资格，向上帝讨一句：祝你好运。

> **和光同尘 与时舒卷**
>
> 我之所以能在风中站稳，是因为我不是努力尝试站在风中。风就是风，人能受得了地面上的阵阵狂风，也能禁得住高空的风。它们没有区别，不同的是我们怎么想。

与其不喜欢自己，不如不喜欢你

□林特特

从前，我有个上司，能力很强。

他不主动带徒弟，但言传身教，跟他的人总能学到许多。

他的脾气和他的成就成正比，公司上下，无人不知。他急起来便拍桌子、瞪眼睛，句句话都直戳心窝。

他最宠爱的下属，见了他，腿都直不起来，更别说那些刚入职的毕业生了。"太差了""窝囊废"，类似的话，总在他入木三分的业务点评后，作为结束语。

一代新人换旧人，他的公司人员更迭特别勤。

一个长发女生告诉我，有一天，她下了班，在停车场迟迟没法启动车子，一抬头，看见镜子里，长发裹着一张哭泣的脸，"他的每一句话，都让我觉得自己很失败"。

更让她受不了的是，一次，她和从外地来探亲的妈妈在街上偶遇了他。她介绍："这是王总，这是我妈。"而作为老板的他，不知是否对长发女生的工作有意见，竟扬长而去，连头都没冲这对母女点。

长发女生羽翼一丰，就跳槽了。

那天的经历让她难堪，"我像一个废物"，而从小到大，她都是妈妈的骄傲。

"跟着王总成长很快，但成长伴随着自卑、绝望，现在路过原公司，我还有心理反应：不喜欢自己。"

从前，我见过一对情侣。两个人非常般配，十年感情，即将迈入婚姻。

我参加过他俩主办的沙龙，大腕云集，女孩是主持人，男孩是主讲人。

沙龙快结束时，女孩致辞，提到男孩，爱意满满："如果没有他，这件事就做不成。"

可男孩呢？

后来，我们开过一次会，他俩都在，女孩一发言，就被男孩拦下，"她说不清楚""我来说""你听我说""是这样的"……

女孩终于什么也不说。

男孩的QQ签名是"我爱老婆"，各种场合也没见他对女孩有过二心。

有一天，他忽然找到我，原来，试婚纱时，女孩竟向他提分手。他描述了当时的场景——

打扮停当的女孩问："好看吗？"他看了一眼，用一贯的口吻评价："还成，反正'颜值'本来就不是你的强项。"

一石激起千层浪。或者说，冰冻三尺，非一日之寒。

女孩当场脸色大变，讲出装修时，他对自己品位的怀疑；挑戒指时，他对自己要求的鄙夷；身边走过一个胸大腿长的美女，他都会开玩笑"你看你，就像一个矮冬瓜"……她将心里的苦涩和盘托出。

"想到未来几十年，都要忍受你的语言暴力，想到你用一句'只是笑话，别介意'就可以解释，用'一点儿小事也要生气'指责我，我就没信心继续了。"这是女孩发给他的最后一条短信。男孩给我看罢，还让我看他的通讯记录，88个未接的电话，都是打给女孩的。果然——"一点儿小事也要生气。"他说。我忽然想起从前的上司，并说给男孩听。他们无一例外都很优秀，某种程度上，人畜无害，甚至有益。但——

"一个人不喜欢你，可能只是因为，你传递给他的信息让他自卑。这自卑有时来自你自身，有时是你不经意的一次拒绝，有时只是一个眼神，有时是你的习惯——对比、贬低……天长日久，负面情绪累积，他与其不喜欢自己，不如不喜欢你。"

我，容易自卑的你或他，都保留这种权利。

和光同尘 与时舒卷　我不是任人鞭打的羔羊，我是猛狮，不与羊群为伍，失败者的屠场不是我命运的归宿。

你想要的，别人凭什么给你

□老　妖

前段时间，看到知乎上的一个问题，关于"要不要跟上铺的孕妇换位置"，有个姑娘的回答让我记忆犹新。

她说，一个孕妇，出门的时候自己不小心，不能多刷几次票吗？不能让家人去车站买下铺的票吗？怎么能草率地把自己和孩子的安全就托付给陌生人的善意？

突然想到，很多人找人帮忙的时候，同样如此，大都抱着因为我需要，所以你应该给我的态度——我是弱者，我现在急需帮助，你为什么还不满足我？

但是，凭什么呢？

《红楼梦》中，贾府有个很卑微的年轻人，叫作贾芸。他幼年丧父，也无家产，跟着年迈的母亲一起生活，经常找不到工作。

贾芸想去巴结王熙凤，求凤姐给自己一份工作糊口。

王熙凤见到他的时候，连脚步都没停，眼皮都没抬一下。贾芸需要说一句话，让王熙凤停下来。

贾芸太了解王熙凤了，她是个好强的人，这是她的软肋。于是贾芸说："母亲说婶婶身子生得单弱，事情又多，亏婶子好大的精神，能够料理得周周全全。要是差一点儿的，早累得不知怎么样呢。"

王熙凤忽然觉得这话有点儿意思，大庭广众之下让她很有面子，也只有把话说到了心坎里，王熙凤才会停住脚步，听贾芸把话说完，这才有机会。

然后贾芸编了一堆话，把自己给王熙凤准备的礼物送了出去。贾芸还很知道分寸，没有直接开口要工作，只说自己是关心王熙凤的身体，才想着送她香料，他需要找到更合适的机会再说工作的事。

到了第二天，贾芸又到门口去等凤姐，因为他之前拜托过贾琏，然而并没有成功，凤姐这会儿就嗔怪他："原来你昨天送我冰片、麝香，是为了找工作。"

贾芸马上就说："求叔叔这事，婶婶休提，我这里正后悔呢！"他的奉承，对于王熙凤来说，很是受用，让她觉得有面子，她喜欢听别人说，自己比丈夫能干。

在《红楼梦》里，贾芸并不是主角，只在几个章回里出现过，他身份低微，家境贫寒，而正是这样恶劣的环境，让他早早地就看穿了人情复杂，学会了如何从困境中挣扎出来的生存法则。

贾芸是一个情商很高的人，作为一个没有背景和资历的人，这种高情商，让他得到了工作机会，并且能够跟周围人处理好关系，甚至在贾家颓败之后，他也生存了下去。

只有情商高的人，才能关注到对方的需求，知道该怎么说话，怎么提出自己的需求而不会被拒绝，让对方心甘情愿地满足自己的要求。

而那些情商不高的人呢？永远只在意自己要什么，然后直接去跟人要，要不着，就是对方不厚道，世界太黑暗，社会太现实。

我们如今的生活，都比贾芸要好很多，不需要像他一样，在十几岁就懂得察言观色，学会谋生之计；但是，对于大部分人来说，如何用正确的方式去掌握向人求助的技能，得到自己想要的，又不招人烦，是需要花费漫长时间去学习的事情。

最简单的，在跟人开门求助的时候，在心里默默问一问自己，你想找人要什么？别人凭什么给你呢？

毕竟，别人也不是你妈，没理由惯着你，不是吗？

和光同尘 与时舒卷　　真正的强者，敢于流泪奔跑，敢于战胜自我，敢于奋力争先，敢于顶着压力，一步一步向前。

妈，我真的不喜欢你把肉让给我

□布 乖

不知道你们有没有跟我一样的体验：据我爸说，我在家的时候，家里的饭菜总是特别丰盛。比如今晚，一家三口围坐在一起，桌上是标准的粤式三菜一汤。当中的主角，当数那道人见人爱、老少咸宜的可乐鸡翅。

8个色泽诱人的鸡翅摆在眼前，我解决了3个，留着爸妈的份儿。我确实吃够了。但是，等饭菜下去一半，那5个鸡翅才被我爸夹走了一个。我下意识地说："妈，吃鸡翅啊。"我妈回应："行了，我吃其他的菜就好，你多吃，把剩下的吃完吧。"我夹起一个放在她碗里："我想吃会自己夹啦，你多吃才对。"没想到我妈硬是把鸡翅又放到我碗里："你喜欢吃嘛，来，你吃。"结果，好好的几块肉，你推我让几个回合，反而显得无比尴尬。

类似的场景，无数次在饭桌上重现。

每当这一幕重演，我总是隐隐地感觉到不太舒服。我不喜欢爸妈把肉让给我吃，发自内心地拒绝潜藏在这一块肉下面的"我比他们更重要"的内在逻辑。

什么情况下我们会"让"？大多数的情形，是我和你想要同样的东西，可是它不够，而你认为我的需求优先，于是你"让"给我。"稀缺性"和"优先级"这两个条件，使得"让"成为父母常年以来体现对孩子的爱的一种方式。尤其是在那个物质比较匮乏的年代，在"民以食为天"的中国，他们依然愿意把最好的让出来，以一种"割爱"的方式表达爱。

于是，小时候就有人说，在吃鱼肉的时候，要感谢正在啃鱼骨的爸妈；在啃鸡腿的时候，要感恩咽下鸡屁股的爸妈……

但是，我渐渐发现，鸡屁股其实可以扔掉，不够吃下次可以买一只更大的鸡；鱼骨头也可以不用啃，不够吃可以多买一条鱼。

发现了没有？随着生活水平的提高，有一些"让"，并不那么必要。

如果说"稀缺性"和"优先级"成就了"让"背后的爱，那排除了"稀缺性"之后的"让"还剩下什么呢？——爸妈始终认为我比他们更加重要。在他们深信的"优先级"下，即使生活中的资源已经不那么稀缺，他们依然停不下单方面的付出和让步，而这一口肉只是他们所有付出的冰山一角。

问题在于，这些"让"，我想不想要呢？

当我想吃鸡翅的时候，我可以买，可以煮，也可以像今天一样，自己夹。

但如果爸妈的付出超过了我的需要，这种无条件的让步和付出，便渐渐成为压力。当我可以独自处理学习、找工作、找伴侣等问题以后，各种无条件的关照和让步，多少显得有点尴尬。就像那一口肉，你无条件地让出来，我感激，但我真的吃饱了啊。这块肉背后的"付出感"，我又该不该接受呢？

当然，看到这里，估计会有人说，爸妈这种让步，归根结底还是因为爱，是天性啊，多少年来中国家庭都是这样子的，你一个身在福中的年轻人怎么就不领情呢？

写下这些文字，无关是否感恩与领情。

我也知道，这种无条件的"让"，这种他们深信的"我比他们更重要"的逻辑，估计我这一辈子都没有办法改变。

只是，我，一个"90后"，真心地希望爸妈能把自己的生命价值看得更重一些。

妈，别把肉让给我。那些你所爱的菜，放开吃啊。那些你所爱的周末娱乐，尽管去享受啊。相比起一辈子被捧在手心，我更希望我们像朋友一样各自讨好自己的人生。

如果有一天家里连肉都没有了，只剩一口米，我宁愿大家一起喝粥，而不是我吃饭，你喝汤。🌱

和光同尘 与时舒卷　　所有的胜利，与征服自己的胜利比起来，都微不足道。所有的失败，与失去自己的失败比起来，更是微不足道。

小事见人心

□李月亮

1

几年没跟大学宿舍的老大联系,最近有点想她,于是发微信问她有没有时间来济南玩。

她说:"好呀,有时间。"

我说:"坐飞机过来应该很方便。"

她说:"坐高铁也方便。"

我说:"不知道福州到济南有没有高铁(老大在福州,我在济南)。"

她说:"有的,我之前有留意,七个多小时。"

我当下心里一暖。

老大在济南没别的亲友,只有我。她默默留意着福州到济南的高铁,心里想的,一定是我们相见的可能性。

我们已经分别十几年,相隔遥远又久未联络。这句随口说出的"有留意",证明她心里依然有我。这比任何刻意的热络,都让人感动。

2

闺密老隋在济南,她的社会活动比较多,每次发现一个好地方,她回来都会招呼我:

"我今天在××吃自助餐,鱼片特别好,哪天咱俩去吃啊。

"昨天在千佛山喝茶,那个茶馆好雅致,你什么时候有空?咱俩去。

"恒隆广场新开了个高大上的书吧,肯定是你的菜,咱们带娃去啊。"

……

其实她忙我也忙,大部分约见都没实现。比如那个自助餐馆,直到关门，我们也没去成。但她知道我喜欢什么，一遇到就想跟我分享，这心意让我心里一直很暖。

3

每个人一生中都会遇到很多人，这些人在你心里，远近亲疏各不同。

那么，谁远谁近，你是如何归档的？多半都是通过一些不经意的小事。

有些人，明明看起来是特别铁的朋友，但他们在一件极小事情上的冷漠、退缩、小气，会让你瞬间心里拔凉。这种事情，不胜枚举。

而有些人，平时没什么甜言蜜语，只是偶尔一句平常话，一个平常举动，就让你知道，原来他是真心在乎你的。

这种心意，不是如何称兄道弟、多么甜蜜热络，或者你结婚出多少礼金能代替的。

朋友圈里的一百个赞，也顶不上那句稀松平常的"有留意"。

平日里一万句"想你了"，也抵不上遇到一件好东西，随时随地都想分享给你的那种欲望。

若有真心，不用刻意装，不必夸张讲，也无须经历什么大风大浪，一件小事足以让人感受到。

反之，若没有，再强调再伪装，也撑不了多久，总有一刻，会露出实情。

人和人相处，大部分都是起于生疏，止于客套。

表面上客客气气的热情和赞美的确会让人舒服，只是很难产生真情。反而是那些忘记了伪装掩饰，没经过深思熟虑，来不及反复权衡，于不经意间显露的真心，才让人温暖或心寒。

因为未经掩饰，所以无法抹杀。

小事见人心。

> **和光同尘**
> **与时舒卷**
>
> 我时常万念俱灰，也时常死灰复燃。生活给了我多少积雪，我就能遇到多少个春天。

女汉子的高跟鞋

□蔡 婧

176厘米的身高，体重只有54公斤，我这些先天的优势大概也得谢谢老妈了。很多人劝我去当模特试试，但自诩为学霸的我，不应该安安静静地坐在课桌前，背背雅思，申请研究生吗？何况一直以来，大家对我的评价都是：哎呀，你可太女汉子了！你走路可以不外八吗？

大一时，我便标榜说要走淑女路线；转眼到了大四，却没有一点儿变化。直到有一天，老妈激怒了我："你这是什么状态？一点儿都不像女人，要不帮你找个地方去调整一下气质，女孩子活成这副德行，也太丢人了！"

看着镜子里面容憔悴、蓬头垢面的自己，好吧，脱胎换骨的时候到了。趁着大四没什么课程，我打了一通让我真正发生转变的电话，报名参加了北京的一家模特培训班。

作为女汉子的我怎么可能会有高跟鞋？但为了模特班入学面试，我买了人生中第一双堪比战靴的高跟鞋。面试第一天，简直亮瞎自己的眼：一排排俊男美女个个身着时装，高个长腿。再看看自己，随便搭的一条松垮的皮裤加打底衫，和他们简直不是一个段位。反正是来凑数的。这样想着，面试时反倒没了压力。其他人在我眼前练习，只有我坐在凳子上观战。

第二个环节是走台步，我失去了优势，第一次穿上高跟鞋的我身体直晃悠，对面的老师喊话："哎，那位姑娘，你能好好走路吗？"

我默默地回过头来，尴尬地对老师笑笑说："老师，我尽力了。"

当天晚上十点多，我居然破天荒地接到通知，告诉我面试通过了，这就意味着，只要毕业，我就会拿到亚洲职业模特资质等级认证证书。

第一次班会，我见到了我的班主任，中国十大名模之一赵晨池。这是女神级别的存在啊！听完她简单的自我介绍后，我开始了真正的魔鬼式训练。学校对我们的训练是魔鬼式的、封闭的，为期一个月。

魔鬼训练之一便是绑腿。老师告诉我，我需要绑腿，她说有些女孩一个月的时间就能把自己的双腿绑得笔直，主要靠自己的坚持。于是那段日子，我每天都躺在床上把膝盖用绑腿带束紧，然后把脚架在宿舍的小栅栏上，让它悬空，这真的是一个异常痛苦的过程。通常这样的过程要持续三五分钟后，我的脚才会恢复知觉。虽然过程奇痛无比，但是真的有效。辛苦没有白费，人家是一个月，咱是短短的3天，两腿间的缝隙就奇迹般并合了。

魔鬼训练之二，走大圈，这是每天必不可少的课程。对于铲子脚外加没有穿过高跟鞋的我来说，这简直是人生炼狱。行内有一句话说，看一个女模特达到什么样的水准要看她的脚上有多少个茧子，这句话想来一点儿不假。

魔鬼训练之三，便是拼忍痛能力指数。想到穿着高跟鞋走大圈我心里就揪了一下；我开始下决心，说好的蜕变成淑女呢！要玩就玩得有模有样！每天晚上八点半下晚课后，我穿着高跟鞋绕着操场走大圈。走上半个小时，脚上就起了大水泡，每天上课前我要花上10分钟左右的时间对我的脚进行包扎，缠着白纱布，然后再穿上高跟鞋。

短短一个月，我突破了很多人生中的第一次：第一次穿高跟鞋；第一次穿黑色紧身小礼裙；第一次穿红色的水纱裙；第一次参加一场大型赛事。

一个月很快就过去了，我要毕业了。鉴于平时的表现和努力，老师非常照顾我，颁给了我AFIA（亚洲职业模特资质等级认证）高级认证证书，让我有些激动。

最开始，我仅仅是抱着玩的心态，却在毕业的时候拿到了亚洲职业模特资格认证证书。

曾经我一直都以为，身为模特，先天条件要占百分之八十，但是通过这段经历我才发现，自身条件固然重要，后天的努力才能真正改变自己。

毕业那天，我带着那双高跟鞋，离开了这个给了我太多变化的学校，我哭了。直到现在，回到大学寝室，坐在熟悉的自习小桌前，这段经历都像是恍如隔世的一场梦。

和光同尘 与时舒卷 不断进步的人，追求的不是一时的惊艳，而是持续的卓越。

你不需要相信任何人对你的评价

□Joy Liu

那一年你4岁，非常喜欢唱歌。你有着动听的嗓音，唱歌让你快乐。有一天，你妈妈加班到了晚上8点才回家，你不知道她那天跟同事吵架并且被一位客户投诉，不知道她那天头疼了一整天，晚上几乎没有吃饭，不知道她那时头疼欲裂并且非常想静一静。你只是看到她回家很开心，于是你欢快地围着她唱歌。你妈妈终于按捺不住了，没忍住就对你有些凶地说："别唱了！你不知道你的嗓音很难听吗？"

那一刻你住嘴了。从此你变得不太愿意唱歌了，因为你怕别人讨厌你。你觉得自己的嗓音很难听，于是索性就不唱了。你甚至开始变得很害羞，不敢跟其他小朋友讲话。而这些变化，仅仅是因为你妈妈在心情糟糕的时候那么一句无心的斥责。她可能永远都不知道，那句话已经在你的心里生根发芽，变成一个你跟自己签下的"魔鬼契约"。

上初中的那一年，你开始爱上数学。你发现数学是如此奇妙，不管是代数、算术还是几何，它们的规律是如此完美，让你沉浸其中不能自拔。你并没有想争什么，但是在全班的第一次数学考试中，你拿了第一名。在你看着成绩单惊喜不已时，老师在讲台上说了这么一句话："数学的思维一般还是男生比较擅长，女孩子可能开始成绩很好，但是慢慢学到比较复杂的知识时，就要落后于男生了。"你很难过，为什么因为自己是女孩子，所以数学就会慢慢落后呢？

你也不知道是为什么，但你的数学成绩好像真的中了魔咒一般，在初二时开始下滑。每一次你没有学好，你的脑海中便会响起老师的那句话，然后你发现自己开始慢慢失去了对数学的兴趣，甚至开始讨厌数学。直到有一天你告诉自己："女孩子的确不擅长数学，所以我还是去钻研文学吧！"这位老师的一句偏见之语，再一次被你相信并且内化成自己的声音。从此，你和自己签下了又一个"魔鬼契约"。

当然我可以给你讲无数个你和自己签下的"魔鬼契约"。这些契约都是你如真理般信奉的："我不擅长游泳""做我喜欢的事情是赚不到钱并且没法养活自己的""我如果按照最本真的自己活着，就没有办法承担赡养父母的责任""我如果现在不结婚就肯定嫁不出去了"，或者"我并不觉得自己是一个很值得爱的人"……

这些"魔鬼契约"都是以别人的无心、善意或者恶意的评价开始，以你最终把它变成自己内心的声音结束，然后你就在不知不觉中慢慢丧失了自我。那么，你要如何打破这种契约呢？

永远不要相信任何人对你的任何评价，这个人包括你自己。

因为不管别人对你的评价是好的还是不好的，那都是他们对你言行的理解。比如你画了一幅画，有人会说："哇，你画得好美！"你的画本身并不因为他的评价而变美，而是你的画在他的心中引发了他对美的感觉。

同样，你发现另一个看了你的画的人说："我真的没有办法想象，你花了一个星期就画出这么没有价值的东西！"同样，这个评价其实跟这幅画的实际价值无关，这个评价仅仅说明你的画没有触及这个人的价值准线。

你真正要问的，不是这幅画到底美不美或者有多大价值，而是在绘画的过程中你是否让自己的生命得到了表达、延展甚至绽放，你的生命在这个过程中获得了多大程度的滋养，这才是让你知道它的价值的评价！

别人对我们的评价或者说对我们的言行的解读，更多地反映了他们是谁，而不是我们是谁。所以，当下次别人告诉你，你非常擅长演讲或者你非常不擅长演讲时，都请你感谢他们，并且同时积极地寻求他们的反馈。

但也请你记住，你擅不擅长演讲，跟他们没有任何关系，因为你是流动的、发展的、变化的，所以擅长或者不擅长都不是最终的你。而最终的你，是你选择听从自己内心的声音，去向着你想要的方向成长，并且接纳此刻还不完美的你。

和光同尘 与时舒卷 悄无声息地崩溃，又悄无声息地自愈。但要相信，结果配得上付出。

不要在别人的目光里变得平庸

□薛瘦脱

我的朋友鸽子向我抱怨有人在背后说她喜欢出风头、锋芒毕露。事情的起因是鸽子班级的微信群里时常有人问一些与专业知识相关的问题，热心的她总是第一个站出来帮忙解答。没想到她的热心竟然会引起别人的不满。

鸽子年年都能拿到奖学金，是一个名副其实的"学霸"。这是她白天泡图书馆、夜里熬到深夜学习所得到的回报。因为鸽子的专业课成绩很优秀，所以当她有能力帮助别人的时候，热心肠的她总觉得应该义不容辞地站出来。可到头来，她的热心肠竟然被别人评价为"爱出风头"。

我特别怕有一天鸽子会因为这些莫名其妙的恶意指责而动摇自己，从此不再理会别人的求助，不再敢于做热情善良的自己。

我曾经上过一门关于"演讲与口才"的选修课，在课上，老师让大家依次上台做三分钟的自我介绍。为了不落俗套，我私底下精心准备了很久。我采取了自黑的方式，还特意往讲稿里插入了一些幽默搞笑的小段子。经过一周的不断练习，我的演讲果然引起了听众的热情和兴趣，在逗得大家哈哈大笑的同时，也让大家记住了我的名字。

夜跑的时候，我兴致盎然地给朋友讲起了白天课堂上的事情，本以为她会夸我有创意，谁知她接下来却泼了我一盆冷水："的确很精彩，可你不觉得这样显得太招摇了吗？"我知道朋友并没有恶意，她只是不愿让我成为别人事后谈论的笑料罢了。

这个世界上，有太多人明明被你的能力所折服，一转头却说你爱出风头、太张扬、不低调。类似于这种明明被别人的努力打动，却偏执地否认别人努力的行为，真的让人愤怒。每个人都有在这个世界上寻找存在感的方式，这就是我在靠自己的努力试图让这个世界认识并记住我啊。

大学时的一个学弟，没见面时就听过很多人提起他，说他过于积极、爱出风头，话里话外都是不屑和嘲讽。院系活动，学弟总是一个不落地参加，积极到就连平时出外展搬凳子、守展位这种累活他都不放过。

后来一次聊天时，学弟告诉我，他想把大学生活过得丰富多彩，还梦想自己能成为学生会主席，锻炼自己，为将来进入社会储备能量。他努力地参加各项活动，不仅因为这能够磨砺自己，而且可以在老师和同学面前展示自己、得到肯定，也能及时发现自己的不足。

后来，在一次和学生会部长聊天时谈起他。部长说，在一群新生里，因为学弟平时参加活动积极又努力，所以早就注意到他了，只要坚持下去，他很有希望能在学生会里有一席之地。

爱出风头又怎样？在大学里待了四年，有多少人连名字都没被同学记住？相反，又有多少人通过所谓的"出风头"，让自己的名字成了整个校园的传奇？只有认真准备、努力付出的人，才能把风头出得漂亮，才能赢得掌声。那些丝毫没有努力过的人，只能叫作"出丑"。你经过努力获得的成就，就要从容自信地绽放出来，不要畏惧别人投来的冷眼和嘲笑。

请不要藏匿起优秀的自己，更不要在外界目光的压迫下慢慢变得平庸。多少人在别人的冷眼和嘲笑中，变得缩手缩脚不敢向前。原本明亮的眼眸变得黯淡，也不再幽默开朗，变得按部就班、枯燥无聊。生活不是成批次生产的玩具，我们也不是模型里面大同小异的成品。

不要活在别人的目光里，更不要活在别人的谈论中。你努力地付出过，当机会来临时还怕什么，你有资格和底气，只需要从容地站出来就好。那些准备充分的人，一上场就自带光芒，吸引了全场的目光。他们有资格获得赞美和掌声，因为这一切荣誉和光环都是他们努力的结果。

没有谁能够轻轻松松地获得别人的认可和关注，我非常喜欢那种经过自己的努力，厚积薄发然后一鸣惊人的人。毕竟爱出风头的人，往往都是有备而来。

**和光同尘
与时舒卷**   努力只能及格，拼命才会优秀。

不漂亮，但很有魅力

□佚 名

我的老朋友小敏，许久未见，打算请她吃饭。她说："别破费了，就在家里吃吧，我们一起做饭。"好吧，买了菜跑去她家。

她跟很多人合租，住在大概十平方米的隔断间里。推开房门，我被简洁的北欧风格吓了一跳。墙壁上贴满灰色墙纸，床品几乎毫无褶皱，衣服整齐地挂在柜子里，各种书在自制的书柜里排列整齐，白色地毯干净蓬松得就像刚发酵好的面包。在房间里每瞟一眼，都能发现她的小心思。

吃饭时，我又观察她。简单的白色卫衣，光滑平整没有一处起球。她没化妆，皮肤光洁，笑容满面，眉毛修得一丝不苟。指甲上没有花哨的图案，头发没染颜色，干净不加修饰的样子，却让我忍不住在心中大呼精致。

中学时我就认识她，这么多年，她外形上没有变化，一如既往的学生扮相，规矩朴素，但靠近她，发现这种认真的朴素被放大，竟然成了优雅。

她生活得太认真了。写工作计划，立刻关掉网络，不看手机，一丝不苟写一下午。每天晚上雷打不动读书两个小时，做笔记，做思维导图。和她聊天，她会笑盈盈直视你的眼睛，仔细倾听你说话。好朋友的生日从不错过，守在零点准时发祝福，精挑细选送礼物，手写贺卡。

她并没有"琴棋书画"这些女神的标配特质，只是，当大家把生活过成匆忙的流水席，在凌乱的出租屋里应付着睡觉，匆忙打发每一段交情的时候，她珍视每件小事，自得其乐，把一团废纸展开氤氲成山水画。

有魅力的女孩当然可以没有姣好的面孔。因为和她们相处，你早就透过单薄如纸的皮囊，看到背后闪亮的灵魂，看到她生命的山川云翳，来去往昔。她们更像自由行走的花，没有人能挟持她们的美丽，你只是途经了她们的盛放。她们永远都在做自己。

最完美的状态，不是从不失误，而是你从未放弃成长。

第三辑

跳出思维的"井",
此刻向远方

做一个怪人没什么不好

□July鲸鱼

在很长一段时间里,我都以为随波逐流是人生最安全的状态。

小时候,家属院里的孩子们做游戏,妈妈对我说,跟着大孩子玩会比较安全。但玩久了我就会发现,领头的那个总是欺负刚来的人。我那时虽然并不懂得大道理,但潜意识里开始远离那个圈子。当然也受了不少苦,她带领全小区的孩子们孤立我,她们开始说我长得又高又瘦,像"女鬼"。

没有人和我玩,我就自己玩。那时候我学会了和自己相处。

从小学一年级开始,我一直坐在教室的最后面。早年间,我不爱说话。老师也好像把我遗忘了。因为我回答问题时总要想半天,老师等不及,后来也不再关注我了。

8岁的时候,我开始看《红楼梦》。邻座的那个男生老是取笑我笨,写字难看,只因为我的数学没考过满分。我印象比较深的一件事是,有一次他用铅笔头戳我的头,我没搭理他。后来他要动手撕我的《红楼梦》,被我反转过手腕,顺带着把他刚及格的数学卷子扔在了垃圾桶里。

从那以后,他再没找过我的麻烦。但相应的是,班里也没人和我说话了。大家都以为我是个脾气怪、学习又差的孩子,他们有的人会在我的本子上写难听的话,甚至会当面说我的坏话。明明年纪那么小,伤害人的时候却是那么理直气壮。

怪人就怪人吧,我依旧做着自己喜欢的事,画画、写字、读书。10岁那年,我就读完了《简·爱》《鲁迅全集》《德伯家的苔丝》《呼啸山庄》,当然还有当时流行的作品,还读了好几遍《红楼梦》。

可能是真的没人可以交流,那时候的我喜欢和自己对话。在那几年里,没有人对我的境遇感同身受,但是我在书籍里找到了很多答案。我的孤独,就像在海上航行的一只小船,有触礁的风险,也会迷路,也会九死一生,但只要没有远离海洋，它就会一直朝着想要去的方向前行。10岁的我想像简·爱一样活得漂亮，不靠任何人虚伪的赞美、不靠华丽的服装、不靠世俗社会的关系，只靠自己，努力活得漂亮。

后来我的孤独终于开花结果，它开出了玫瑰花、芍药花、向日葵，还有很多我不认识的花朵。我的作文开始频频获奖，数学也经常拿满分，我仿佛在一夜之间成名了。

我这才开始有机会被别人接受和理解，很多朋友才开始知道真实的我。我记得当时有个发小对我说："很多人都说你怪，没接触你以前我以为你脾气坏，后来才发现那根本是谎言。"

情况变好了许多，但我还是做着自己喜欢的事情。我从来不觉得随波逐流有什么好。青春期，周围的很多朋友加入了帮派，人家风风火火、惊天动地的样子，曾一度让我着迷。我在和他们混过一段时间后，才发现他们的日子是多么无聊。

成年以后，我认识了很多天南地北的朋友。Lisa是在中国上学的留学生，她说她以前也有类似的经历，当时她五音不全，合唱的时候被全班同学嫌弃。后来有些女生开始变本加厉地孤立她。她也是那时喜欢上写歌的。她爱音乐，但是无法唱出来，只能写出来。现在她定期给一些唱片公司写歌，还参与了大学社团的音乐电影的创作。

我们说起过去被人孤立的岁月，痛苦轻得就像一声叹息，时间老人根本没空理会我们。也许在外人看来这算不了什么大事件，但对于年幼的我们来说，在没有形成清晰的"三观"前，同龄人的恶言恶语就像是要把我们逼入绝境；值得庆幸的是，我们被偏见的大流淹没，但我们还是坚持在流言的浪潮中找到适合自己栖息的岛屿。我们从没有放弃过对生活的热爱，我们认可自己的努力，并不需要别人的证明和赞赏，一样可以活得漂亮。

风里来雨里去，还是无法阻碍我活成一座自己满意的丰碑。

> 世界一般
> 但你超值
>
> 扔绝躺平，做有为青年！不管多么险峻的高山，不畏艰难的人总能找到一条攀登的路。

教养是让别人舒服，自己也不苟且

□陶妍妍

有次在酒店吃早餐，隔壁桌来了个姑娘，穿着全套紫色运动服，齐腰长发湿答答耷拉着，脚下踩着酒店房间里的白拖鞋，走起路来啪嗒啪嗒响。

我和同事在聊天，之所以注意到她，是因为她太特别了。

首先，她拿了6盒酸奶放桌上占位子；然后，端来一盘水果沙拉，那姑娘堆了一座水果通天塔。这还没完呢，她用两只白瓷盘把所有甜点都拿了一份，一桌花团锦簇……

也许你会说，他们付了房费，这里是自助餐厅，爱怎么吃是别人的事，你管得着吗？我只是想起多年前自己在另一家酒店的一件往事。适量取餐，就是在那里"被迫学会"的。

在那家中餐厅吃饭，菜是一道一道上的，必须把一个盘子吃空，另一道菜才会端上来。你左顾右盼盯着服务员，他永远笑眯眯地站得笔直，好像不在乎你要吃多久，他们只在乎你是否吃完了眼前的……

我后来懂得：选择真正想要的是种能力；克制贪婪欲望也是种能力；合理分配财力体力心力，更是一种能力。这些能力，统称为教养的文明驯化。

上大学时流行打零工。我有个学弟，因应聘上美国某连锁咖啡馆的兼职生，在老乡群里轰动一时。某晚聚会，大家撺掇他说说那家国际化咖啡馆里的故事。

"有个女生，每晚五六点来，天天坐在店里最拐角位置，一直坐到打烊才走。有天我去收桌子，无意间看到她从包里掏出一只我们家的旧咖啡纸杯放在桌上，然后埋头看书，当然，她没注意到我。后来我开始关注她，发现她每天都拿那一只纸杯出来，其实经常三四个小时不喝一口水。"

大家都沉默了，三十块一杯咖啡，那年代真不是一般人能消费得起的。

但在每天都有人等位的咖啡馆里，拿旧纸杯蹭位的姑娘，心理素质也够强。

"后来我把这事告诉店长，本来以为他会想办法把她请走。结果他只说了一句，'就当没看到'。"

过了段时间碰到学弟，又问起那个神奇的姑娘。

"店长后来把自己的班都调到晚上。有时收桌子，会'顺便'给那姑娘添杯热水。不过她很久不来店里了，走之前找店长买过杯咖啡，付钱时我听见她说'这段时间谢谢你'，原来她什么都知道啊。"

"啊？"这故事，我看到开头，却没猜中结局。

我是过了很多年才理解那个店长的，他选择"没看见"是一种教养；他用"视而不见"默默维护着一个女孩的自尊心。

家门口有家苍蝇馆子，以前常去。有天去迟了，是最后一桌，上完菜，见一个帅气的男孩从后堂出来，他躲到包间里一阵，出来时，身上油腻腻的厨师服换成了干净的T恤衫，脚上也换上了洁白的球鞋。

然后他在柜台里摸出茶杯，端把椅子到门口，在行道树的树荫下开始翻一本封面破旧的小说。

那一刻不知为什么，觉得特别美好。在午后的餐馆见过太多蓬头垢面的人，累了一中午，披散着头发，糊着浓妆，有些穿着短胶鞋，有些穿着油滋滋的厨师服，直接趴在刚擦干净的餐桌上就眯瞪起来。而这位小伙，只为在门口喝一杯茶休息休息，执意换上干净的衣服和鞋，他对自己、对生活、对美，都是有要求的。这就是有教养的人。

后来听老板娘说，这小伙是大厨，因父母身体不好，才留在家门口干活。又过了两年，小伙走了，这家店的菜式越来越"农家乐"，我也很少去吃了。

只是偶尔还会想起那个坐在树荫下的身影，他身上有对平淡日子也不肯苟且的倔强，这是一个普通人最温润的教养。🌿

世界一般 但你超值　　守住适合自己的节奏，找到那股笃定的力量。专注于自己该做的事情，默默扎根，不断生长，总有一天能看到丰厚的回报。

一辈子怀揣少女心

□残小雪

有些人喜欢用阶段去给女性划分任务,比如读书时要好好学习,恋爱时要撒娇卖萌,结婚后要勤俭持家,当了妈要温婉贤惠,跟升级打怪一样。如果在这个阶段做了任务以外的事情,就是没干什么正经事。

于是有的人就接受了这种观点,早早扔掉少女心,跑步奔向妇女阶段,好像不提前去打个卡就丢了人生的年终奖一样。

其实也并没有什么人说,到了什么年龄就该让自己放弃追求,把少女粉红色的梦境熄灭,灰头土脸地面对惨淡又平凡的人生,接受自己一无是处的事实。

我刚工作的时候,万能的社交网络让四散天涯的小学同学重新聚在一起,那时候我们见面就是在叙旧。男生和哥们儿还能一起互相笑骂,女生和姐妹还能一起手牵手去洗手间。

第一年聚会,大家在一起悲叹青春、拍照合影,发个微博显摆一下岁月还是把杀猪刀。第二年聚会,有些姑娘当了妈,一进门我都认不出来了。比如以前的班长大美同学,过去她是瓜子脸,绑着一个马尾辫,颜值不输现代的女明星,她就是我们那个年代的沈佳宜。可是走进来的她,居然穿着一件印着米奇的肥大卫衣,头发丝里的油挤一挤估计都可以炒菜了,疏于打理的眉毛也是乱七八糟的。全身的造型就是一个大写的已放弃自我形象的妇女。

她说:"现在在家里看孩子,懒得收拾自己,都当妈的人了,还打扮得花枝招展做什么。"我说:"宝宝也需要一个美美的辣妈吧。"她说:"宝宝哪里懂什么是辣妈。"后来,我就再也没和她一起去过洗手间。

在一次旅行途中,遇到了一个独自背着小双肩包旅行的英国阿姨,头发花白,薄薄的嘴唇还涂了艳丽的口红,在景点让我帮她拍照片。镜头里的她，优雅又自信，身材保持得很好，穿了件碎花的连衣裙。

她说现在无牵无挂的，又退休了，刚好可以自己出来玩。我记得阳光下，她的腮红，像少女脸上的红晕一样，仍然可以让她天真且好奇地探索这个世界。把少女和妇女的距离牵扯上阶段与年龄，都是耍流氓。就像大叔和师傅，一个是风情万种、魅力万千，一个是邋里邋遢、大腹便便。

这两者之间的差距，不过是一份对自我的坚持而已。

在少女时代，我们仍相信世间美好的一切，坚信有真命天子驾着五彩祥云而来，期待商场里新一季上市的时装，永远对鞋柜里缺少的一双高跟鞋充满期待。

还愿意在镜子前打扮自己，画精致的眼线和高挑的眉毛，仔细地涂了口红去奔赴每一场约会。偶尔嘴馋多吃一块芝士蛋糕，也会在无助的时候偷偷抹眼泪。

我也见过那些生了孩子依然坚持健身打扮的辣妈；也有长期独身仍旧温柔的大龄女青年，喜欢和长得好看的男孩子约会，一起嘻嘻哈哈地聊八卦。她们早就到了人们认为的妇女年龄，在她们的身上却看不到任何妇女的标签。

她们没有选择在某个时刻给自己贴上妇女的标签，跟自己过去的闪光和美好说了拜拜，就一头扎进俗世的坑里，抛弃好奇，抛弃精致，赖在里面继续沦陷。

一辈子做少女又怎样，就是要假装妇女节与自己无关，在儿童节去排队买份快乐儿童餐，集齐全套的玩具。

我希望十年以后，很多个十年以后，在脸部胶原蛋白流失后，不小心变成了一个有眼袋和鱼尾纹的妇女，还能有一颗随时热泪盈眶的少女心。

世界一般但你超值　　狭路相逢勇者胜。很多时候，能够笑对挫折，拥有一往无前的锐气和魄力的人，才更有可能为自己赢得出路。

无伤大雅的小缺点

□张君燕

他是家里最小的孩子，年幼时，父母和兄长在餐桌边讲逗趣的玩笑话时，冯内古特总喜欢坐在旁边听。他还爱听收音机里的喜剧节目，并在无意中模仿它们。因此，冯内古特从小就敢于在人前讲话，每次参加学校的演讲，总能用他独特的幽默天赋赢得大家热烈的掌声。

有一天，在冯内古特又一次参加学校的演讲活动后，却听到一个不同的声音："演讲的时候身体总是来回晃动，这会影响演讲的整体效果吧。"之前冯内古特没太留意，现在他仔细回想，为了缓解紧张和压力，他确实有这个习惯，虽然无伤大雅，但看上去难免会让人觉得台风不稳。于是，冯内古特决定把这个"毛病"改掉。

此后，每次上台演讲时，冯内古特都会特别留意自己的肢体动作，并想办法控制。可是这样一分神，他的精力就无法集中，别说发挥幽默了，连基本的稿子都背不下来，演讲只能草草收场，效果自然也很差。对于冯内古特的异常表现，老师感到非常吃惊，问他到底是怎么回事。

弄清楚事情原委后，老师大笑起来，告诉他说："孩子，每个人都有优点和缺点，没有人能做到完美。我们不必总想着去掩盖缺点，一些无伤大雅的小缺点说不定还能成为你独特的个人标志，为你加分添彩呢！"老师的话让冯内古特茅塞顿开，不再为自己的小毛病困扰，此后的演讲也越来越精彩，一些肢体动作反而成了人们喜欢他的理由。

正如冯内古特的老师所说，每个人都有充满魅力的一面，也有"傻"的一面。有时我们觉得累，觉得力不从心，可能只是因为把所有精力都拿去掩盖自己的弱点，却忘了尽情展示自己的魅力。

去找寻自己的骄傲，也看得到花开的美好。

兵马俑的低姿态

□徐 静

在秦始皇兵马俑博物馆，我看到了那尊被称为"镇馆之宝"的跪射俑。导游介绍说，跪射俑被称为"兵马俑中的精华""中国古代雕塑艺术的杰作"。

秦兵马俑坑至今已经出土各种陶俑1000多尊，除了跪射俑，皆有不同程度的损坏，需要人工修复。而这尊跪射俑是保存最完整的，是唯一一尊未经人工修复的，就连衣纹、发丝都还清晰可见。

跪射俑何以能保存得如此完整？导游说："这得益于它的低姿态。"

首先，跪射俑高度只有1.2米，而普通立姿兵马俑的高度都在1.8~1.97米。天塌下来有高个子顶着，兵马俑坑都是地下坑道式土木结构建筑，当顶棚塌陷、土木俱下时，高大的立姿俑首当其冲，低姿态的跪射俑受损害程度就小一些。

其次，跪射俑作蹲跪姿，右膝、右足、左足3个支点呈等腰三角形支撑着上体，重心在下，增强了稳定性，与两足站立的立姿俑相比，不容易倾倒、破碎。因此，在经历了2000多年后，它依然能完整地呈现在我们面前。

由跪射俑想到处世之道。初涉世的年轻人，往往个性张扬，率性而为，不会委曲求全，结果可能是处处碰壁。而涉世渐深后，就知道了轻重，分清了主次，学会了内敛，少出风头，不争闲气，专心做事，像跪射俑一样，保持生命的低姿态，避开无谓的纷争，避开意外的伤害，更好地保全自己，发展自己，成就自己。

保持适当的低姿态，绝不是懦弱和畏缩，而是一种聪明的处世之道，是人生的大智慧、大境界。

世界一般 但你超值 接受自己的普通，然后拼尽全力去与众不同。

会夸人的女孩子，运气不会差
□鹿十七

1

《红楼梦》里的薛宝钗就是个极会夸人的女子。她念过书，又精于世故人情，所以会把书上文雅的词转换成暖人心的话。

比如在第四十二回，园子里的姑娘聚在一起说起刘姥姥。黛玉心直口快，说了一句："她是哪一门子的姥姥，直叫她是个'母蝗虫'就是了。"说着大家都笑了起来。宝钗笑道："世上的话，到了二嫂子嘴里也就尽了。幸而二嫂子不认得字，不过一概是市俗取笑儿。更有颦儿这促狭嘴，她借用《春秋》的法子，把市俗粗话，撮其要，删其繁，再加润色，比方出来，一句是一句。这'母蝗虫'三个字，把昨儿那些景儿都画出来了。亏她想得倒也快。"众人听了，都笑道："你这一注解，也就不在她两个以下了。"

这就是宝钗，夸人引经据典还不落俗套。一席话说完，既抬高了黛玉这一句"母蝗虫"的品位，听得黛玉心服，众人也笑得开心。

宝钗只是个借住在园子里的姑娘，可她在园子里的人缘和分量，丝毫不逊于其他姑娘。宝钗能博得众人的喜欢，与她懂得夸人技巧不无关系。

2

我婶婶也是个很会夸人的人。平时，三奶奶（婶婶的婆婆）在家做饭，婶婶下班回来都是吃现成的。每次她都是一边吃一边夸自家婆婆的手艺好。

三奶奶被夸得开心，也乐得天天做饭伺候儿子和儿媳妇。

婶婶不只喜欢夸婆婆，还经常当着婆婆的面夸自家老公。这一方面抬高了老公在家里的地位，另一方面讨了婆婆的喜欢。

三奶奶说，其实有时候，她也知道自己做的菜没那么好吃。可是只要听见儿媳妇夸，她心里就高兴，争取下回做得更好吃。

如果只要讲几句夸赞的话，就能让别人开心，那何乐而不为呢？毕竟，这也是给自己谋一个舒服的人际交往环境啊！

3

在我见过的同龄人里，樱子是最会夸人的姑娘。

有一回我们一起逛街，我在镜前试衣服，樱子边打量边说："十七啊，我觉得你长得好像一棵葱呀！"

我不明所以地看着她，听她继续说："就是又细又长又直又白啊！"

一句话听得我，开心得简直想要飞起来。

不过后来我发现，比樱子更会夸人的，是她的妈妈。

有一次我去她家玩，樱子妈很热情地招呼我，跟我说："十七啊，我整天听樱子提起你。虽然之前阿姨没见过你，可是我一直啊，都觉得我好像有两个女儿似的。你们要当一辈子的好朋友呀！"

一句话听得我，像是喝了一大杯暖暖的蜜水。樱子妈的道行果然更深，一句话既夸了我和樱子的友谊，又说我像她亲女儿一般好，还暗示我樱子在家常提起我，让我们好好做朋友。

但是，夸人有一个前提，那就是必须真诚。离了这个前提，任是嘴再甜，也是无用。会夸人，才有运气。而"会夸人"三字，又精在一个"会"字。不走心地夸人惹人生厌，不真诚地夸人更令人不齿，不懂技巧地乱夸还会招人心烦。

夸人不是为了功利地套近乎，而是一种令人舒服又暖心的情感表达方式。即便非要从功利的角度来说，这也是件性价比极高的事儿呢。

与会夸人者玩耍，和真诚且会夸人者交往，人生啊，想想就觉得畅快呢。

世界一般 但你超值

能稳得住情绪，是一种智慧，也是一种实力。拥有平和的心态，保持稳定的情绪，才能从容面对人生的不同境遇，活得更加轻松自如。

把小事做好的人，生活总不会亏待他

□洋气杂货店

最近和对面宿舍的一个女生相约早起，我们两个坐在食堂里面吃早餐的时候互相感叹。

她说坚持吃早餐是她大学期间做得最好的小事，我一惊："我好久没有见过像今天这样热腾腾的早餐食堂了，你能坚持四年早起吃早饭，真的非常了不起！"

这个时代，我们都在追求完成那些很宏大的事情，例如，有没有赢得一场比赛，有没有考上一所顶尖大学，有没有挣到很多钱，却从来没有人坚持完成一件小事，而复杂的生活是由无数件小事组成的。

作家连岳说过："你有没有改造世界的蓝图，我不在乎，我更愿意相信从小事得出的观察结果：你有没有耐心读完一本书，能不能控制自己的体重，敢不敢坚持跑步……小事做得好，此人就不会太差劲。"

《玫瑰的故事》里说，两个人在一起生活，岂止是一项艺术，简直是修万里长城一样艰苦的工程。

放假回家，我心疼父母的辛苦，便一个人主动包揽所有家务。一开始觉得自己可厉害了，能维持一个家庭的正常运转。坚持几天后我再也不想做了，以前总觉得做一顿饭很简单，现在才发现前前后后要花费大量的时间，于是便败下阵来，向琐碎的日常生活低下了曾经高傲的头颅。

每每这时老妈不会说我什么，相反只是在那里笑着教导我：你想得太简单了，做饭这件小事谁都可以，但是连续做二十多年不是所有人都可以的。

想一想自己，喜欢画画，买来的画笔用了没几次便束之高阁，直到上面落满了灰尘被我抛之脑后；想要早起学英语，计划一再拖延着不实施，如今已经和单词成了最熟悉的陌生人。

如果自己能把这些小事坚持下来，当下一定不会是现在这样焦虑又迷茫的模样。

在网上看到这样一则真实故事：一名员工去公司的冷库检查食品，却被同事不小心锁在里面，手机不在身上的他传达不出救命的信号，被困在里面在死亡边缘挣扎了五个小时。

直到公司保安打开门，才在冷库里找到失去知觉的他。有人问保安为什么会想起打开这扇门，他说："我在这家企业工作了35年，每天数以百计的工人从我面前进进出出，他是唯一一个每天早上向我问好并且下午跟我道别的人。而今天他进门时跟我说过'早上好'，却一直没有听见他说'明天见'，我想他应该还在这栋建筑的某个地方。"

在人与人相对冷漠的时代里，这个员工用日复一日的礼貌给门卫带来了温暖，而就是这每天看似不起眼的小事救了他一命。

张晓风说："爱一个人就是喜欢两人一起收尽桌上的残肴，并且听他在水槽里刷碗的声音，事后再偷偷地把他不曾洗干净的地方重洗一遍。"

控制情绪在别人看来不值一提，却比能拿下一座城池的人更伟大。

生活最奇妙的地方在于，我们很难看出当下某个时刻在自己一生中的意义，也不知道坚持一件不起眼的小事会发生什么，而最终的结果之所以叫惊喜，就在于它出人意料。

未来很远，我们唯一能创造未来的方式，就是脚踏实地地完成生活中的每一件小事。把这些小事做好的人，生活总不会亏待他。

世界一般 但你超值

也许在青春里每个人都有一道伤疤，但治愈好伤疤的从来不是遗忘和逃避。当再一次面对它时，希望你拥有无所畏惧的勇气，以及超越自我的力量，拼尽全力越过心里的那道坎，就能迎着风，成为一个崭新的自己。

用41年拍莲花

口计玉兰

巴曼·法扎德先生生活在美国的丹佛市，大学时学中文专业，不仅喜欢研究中国的国学，他还是一位狂热的摄影爱好者。

有一天，巴曼·法扎德先生读到周敦颐的《爱莲说》："予独爱莲之出淤泥而不染，濯清涟而不妖……"虽然当时他并不能完全明白这句话的意思，但他知道这是在写莲花的内涵和气质。

从此，巴曼·法扎德先生喜欢上了莲花，他的相机镜头对准了它们，用自己的方式展现莲花的与众不同。

为了抓拍到更多的莲花镜头，巴曼·法扎德先生随身带着相机。他一看到莲花就按下快门，在巴曼·法扎德先生拍的照片里，莲花的姿态各不相同，有带着露珠迎着晨曦的，有在阳光照耀下怒放的，有在雨水冲洗后清新的，还有在月光下静美的。

巴曼·法扎德先生拍的莲花栩栩如生，他把照片存放在电子相册里，周围的朋友看到后评价他拍摄的莲花很美。一些知名杂志社采用这些照片做封面，一些商业机构更是许以重金邀请巴曼·法扎德先生摄影。

凭借摄影方面的天赋，一时间荣誉纷至沓来。对于荣誉，巴曼·法扎德先生并不以为意，他最想做的事就是拍出心中那朵"出淤泥而不染"的莲花。怎样才能表达莲花"出淤泥而不染"的气质呢？这个问题一直萦绕在他心中。随着年龄的增长、阅历的丰富，巴曼·法扎德先生对生活的心境和态度有了更深的体悟，尤其在欣赏莲花时，他明白保持心静就能闻到莲花的香味，让优雅的生命直达心灵，一颗不惊不扰的心，静望尘世的喧嚣，将悲欢和沧桑默默沉淀于心田，慢慢体味人生滋味。

巴曼·法扎德先生把这番人生感悟融入莲花的拍摄中。为了拍到带着露水的莲花，巴曼·法扎德先生很早就去池塘边等候阳光出来，晨曦下的莲花闪着金光，如果有蜻蜓停在上面就会更美。巴曼·法扎德先生为了拍到"蜻蜓之吻"就举着相机等。等了很久，可蜻蜓还是没来，移开镜头又怕找不到原来的场景，蜻蜓停在上面只是一瞬间，需要事先把镜头对准，才能抓住瞬间。为了拍到莲花的不同姿态，巴曼·法扎德先生经常长时间举着相机对准镜头，眼睛盯着莲花，拍完后人已经麻木地定格成一种姿势，要过一段时间才能慢慢缓过来。

拍完"蜻蜓之吻"，又策划着拍"凌波仙子"。怎样才能表达仙境中的莲花呢？偶然间，巴曼·法扎德先生发现迷雾中的莲花带着一股仙气，只是相机的光线太暗拍不出效果。于是，巴曼·法扎德先生带着烟饼去制造意境。太阳出来时，光线很柔和并且带着些许金色，把烟饼点燃，随着微风吹拂，烟气散开，整朵莲花就像身处仙境，照片上的莲花多了几分禅意。

转眼间，40多年过去了，从"蜻蜓之吻"到"凌波仙子"，巴曼·法扎德先生拍成的莲花多了一份风韵雅致，仿佛就是一朵有生命的花。巴曼·法扎德先生拍的莲花照片在很多摄影大赛中获得大奖，自己也成了知名摄影师。巴曼·法扎德先生的一生都在用自己的方式诠释莲花的内涵。莲花的品质也是他一生淡泊名利、专注地把一件事做到极致的真实写照。

有人说，大师们的作品可以超越时间和空间，能把相同的灵魂吸引在一起。周敦颐先生可曾想到，几百年后的今天，有人会把《爱莲说》中"予独爱莲之出淤泥而不染，濯清涟而不妖"这句话的意境表现得淋漓尽致呢。

人的一生有很多事情可做，与其蜻蜓点水般浅尝辄止，倒不如把有限的时间"浪费"在有意义的事情上。

当我们做好了一件事时，要永远相信下一刻还能做得更好。

> 世界一般
> 但你超值
>
> 面对艰难困苦，懦弱者被磨去棱角，勇敢者将意志磨砺得更为坚强。

半生与半小时

□牧徐徐

伦勃朗成名之后，阿姆斯特丹的很多富人都请他为自己画肖像，由于订单太多，主顾们只能先交钱，然后按顺序等待。一天，一位极其不耐烦的主顾来到伦勃朗的画室，质问他还要等多久才能轮到自己，正在作画的伦勃朗被他纠缠得不行，最后只得说，我现在就给你画吧。等对方摆好姿势后，伦勃朗拿起画笔，"唰唰"快速画了起来。半小时后，便画好了。

"什么，你这是在抢钱吗？"看到自己的肖像画如此快地被画好，主顾气愤地说道，"短短半小时就要我500荷兰盾（相当于1800元人民币）！"伦勃朗没正面回应，而是说："您先看看有什么不满意的地方吧。"主顾于是走到画前，可他只看了一眼便勃然大怒："这画的是什么呀？颜料堆得像山一般厚，整个画面乱七八糟的，哪里像我？"

"谁让您离得这么近，站远点儿看。"伦勃朗没有与他辩解。主顾不服气地后退了好几步，当他再次定睛一看时，顿时惊呆了——那幅画瞬间变得立体、清晰起来，自己正神气十足地立在画上，无比逼真。主顾不再说什么了，而是兴高采烈地将画收了起来，然后向伦勃朗讨教："您怎么能如此快速地将我画得惟妙惟肖？"

"您只看到了我画画时的半小时，却没看到我半生的苦练和日积月累。"直到此时，伦勃朗才跟对方道出了真正的原因，"我用半生的努力才换来了今天这样的半小时。"

> 年轻人，你所应做的不是焦虑时光，而是平整土地，三四月做的事，八九月自有答案。

只选一把椅子

□李 蔷

著名歌手帕瓦罗蒂年少时在一所师范学校读书。他爱教师这个职业，但同时喜欢唱歌。毕业之际，他问父亲："我是当老师呢，还是做歌手？"父亲拿两把椅子并在一起，对他说："如果你想同时坐在两把椅子上，你可能会从两把椅子中间掉下去。生活要求你只能选一把椅子。"结果帕瓦罗蒂选了一把椅子——唱歌，把毕生精力都献给这项事业，并矢志不移，终于取得不凡成就。

人生即选择。我们也无时无刻不在面临着各种选择，成功之路并非只有一条，卓越的政治家、精明的企业家、超群的艺术家以及各行各业的"状元"，都有他们自己的成功之路。构成四通八达人生走向的网络，交叉成许许多多的十字路口，当你在选择某条道路的时候，别的道路也在选择你；当你在选择某一职业时，别的职业也在向你招手。然而，人的精力毕竟是有限的，不可能在任何方面都取得成功，因此我们必须学会放弃，学会"只选一把椅子"。

"只选一把椅子"需要清醒的把握和自我认识，需要足够的心理承受能力，更需要急流勇退的气度和敏锐，有时可能还需要背水一战、全力以赴。

> 没有比脚更长的路，没有比人更高的山，没有做不到的事，只有想不到的人。阻挡你前进的不是高山大海，而往往是你鞋底一粒小小的沙粒！

70年不变菜单的餐厅

□蒲 草

哈瑞·史奈和妻子开了一家汉堡店，给它取名为In-N-Out（进进出出）。因为人手有限，所以店里只卖普通汉堡、芝士汉堡和双层汉堡，开张后生意一直很好。后来，急于扩张生意的哈瑞夫妇又增加了许多汉堡品种。但是由于店内只有哈瑞夫妇两名服务员，品种一多，他们便有点力不从心，产品质量严重下滑。汉堡店的生意一时间营收惨淡，直至门可罗雀。

痛定思痛，他们开始认真分析问题的症结所在，最后意识到是由于自己急于扩张导致了今天的局面。于是他们决定只卖从前的三种汉堡，力求将产品质量做到极致。

为了早点儿开张和买到最新鲜的食材，每天天不亮，哈瑞夫妇就蹬上板车去市场买菜挑肉。西红柿、生菜选最优质的，用的牛肉是特定供货商的，奶酪是纯正的美国奶酪，绝不含任何添加剂、防腐剂。整个汉堡店里没有一台冰箱、微波炉、紫外线灭菌机等设备，目的就是告诉顾客，这里所有的食材都是最新鲜的，所用面包都是当天烘焙。更"要命"的是，所有汉堡都是现点现做。因为这些举措，In-N-Out的生意慢慢好转。

如今，几十年过去了，In-N-Out成为享誉世界的快餐品牌。但它的点餐单上列的汉堡依然只是那三种，它不上市，分店也开得少，这些都源于哈瑞·史奈对产品质量的坚持。此外，In-N-Out给员工发放的薪水要比同行业高出17%，录用的员工都经过精挑细选，必须勤恳踏实又富有敬业精神。

后来，In-N-Out的继承人托雷斯在接受《纽约时报》采访时说："什么是成功？难道开一万家店才算成功吗？我认为专注做一件事，不贪大求全，把它做到极致，这就是成功！"

世界一般 但你超值

白日不到处，青春恰自来。苔花如米小，也学牡丹开。

人生不该在小节上浪费功夫

□ 蔡　澜

愈来愈不懂得客气是怎么一回事儿。

为了礼貌，有时向人说："有空去饮茶。"这一说不得了了，天天闲着，却又没时间，有空时想想："值不值得去？"最后，还是勉强去应酬。所以，"有空去饮茶"这句话，如果没有心的话，说来干什么？自己找辛苦。吃完饭大家抢着付账，要付就让人家去付好了，要学会接受这种方式。最糟糕的是，想请客，先把信用卡交上柜台，但对方坚持要付，把你的卡退回给你。应付这种情形，唯有让他们去结账，再买一份重礼他日送上。

一切顺其自然就好，人生不应该在这种小节上浪费功夫。

一张圆桌，主人家叫你坐在什么地方，乖乖地听。

"不，我怎么可以坐主位？"这种废话，说了无益。对方要是不尊敬你，想坐在一角都难。但是没等主人说话，自己就大大咧咧地坐在主位，也是禁忌。

尽量别做自己不想做的事，就算得罪对方也值得。如果他们是那么小气，不做朋友也罢了。

该有的礼貌不能少，也不能客气过了头。诗中有句"我醉欲眠卿且去"，实在可圈可点，这是极高的人生境界。

> 我们正当少年，只管向前奔跑，越过高山，蹚过河流，穿过荆棘，拨云见日。

不是世界不好，是你见得太少

□渡 渡

在一家高大上的公司上班的最大好处之一，是各种级别的boss（老板）经常过来发好吃的。那天，戴着绒线帽的某个说着粤语的潮男走进办公室，和办公室里的各位打着招呼，并掏出一个精致的盒子，分给众人。

盒子里面是一个个精致的马卡龙，色彩缤纷，模样小巧可爱，不过，于我而言也就仅限于可爱。我对马卡龙这种甜点没什么好感，以前在某价格不菲的西点店里点过，小小一个就要几十元，我这种嗜甜如命的人，都觉得它黏糊糊的，除了甜腻得吓人，别无长处。

"哇，好好吃哎。"老板吃了一个，连连赞叹。我随手从盒子里拿了一个粉红的，咬了一口，一刹那明白了马卡龙为何获得如此多的美誉。杏仁小圆饼外壳酥脆，内里却湿润香甜，满满的草莓酱恰到好处，每层的口味都很丰富，丝毫没有甜腻的感觉。

吃完马卡龙后，突然脑海中闪过一句话："你以前觉得马卡龙不好吃，不过是因为你没吃过真正好的。"

有个朋友，极为讨厌推理小说，每每看到我在读，总要对我批判一番，说我是穷极无聊。后来我不胜其烦，推荐了海堂尊的《巴提斯塔的荣光》给他。过了一周，他把书还我，颇为扭捏地问我还有没有其他类似的书可以推荐。这大概是我经历的第一个"黑转粉"的故事。

小时候买了许多青少版的世界名著来看，长大后也经常会看一些翻译作品。我曾经非常想不通名著何以会被称为名著，不仅晦涩，还很枯燥，而句子亦是拗口。后来有一次，有机会读了一册名家翻译的版本，方才感受到"信、达、雅"的美。

表姐自大学毕业以来，相亲无数，从22岁到29岁，仍然没有实现把自己嫁出去的目标。有次去外地看她，晚饭时听她屡屡抱怨男人的不可靠，目光短浅。而在她的人生里，除了相亲，连真正的恋爱都没有谈过几次。

而某次，一个网友找我倾诉，说是异地恋失败。后来有一次看她的主页，总是分享别人写的一些关于异地或是异国的文章，然后留下"总会分手的"之类的话，实在是让人难以理解，她究竟哪来的如此多的怨气。

每次有明星宣布恋情或者有明星宣布分手，都会有一大批人在网上宣称自己相信爱情，或者不相信爱情了。对于爱情的信任，就因为一些花边新闻而随随便便地改变，那你自己的生活又会怎么样呢？

这世上有太多的人，吃过几次烧坏的鱼，便判断鱼肉不好吃；读过几本烂书，就信了书不好看；听过几桩杀人案，就觉得人心都是坏的；见过几个拜金的女人，就说女人都只爱钱；遇上过几个渣男，就说男人都是骗子；分过几次手，就以为世界上没有真爱。甚至不仅自己悲观，还要把这种情绪强加到别人身上。

我一直都很讨厌妄下判断与故作成熟这两件事。很多时候，我们轻易地判断某件事不好，没希望，没结果，不过是因为我们看见过的太少，或者看见的东西层次不够。而仅仅凭借我们所见过的那些浅薄世界，就做出一脸的成熟去评判这个世界，其实并不明智。

相信美好的东西，却不仅仅是因为迷恋美好的东西带给你的愉悦。承认缺陷，而不沉浸于缺陷与黑暗面可能带来的痛苦。

心空无一物才会寂寞，人无所相信才会痛苦。

这世界并非不好，不过是我们未曾见过好的罢了。

> 把行动交给现在，把结果交给时间。那些你暗自努力的时光，终会照亮你前行的路。

不等待

□译/张富玲

和不熟的人初次见面，第一印象尤其重要。第一次见面时的态度和气氛，会大大地影响双方今后关系的走向。对于那些现在我很珍惜的朋友，我仍忘不了和他们第一次见面的情形。双方坦率地卸下心防，互相传达"很高兴见到你"的心情，由此建立起彼此深刻的联系。

所以，我不会等待，总是尽可能主动地敞开心扉。我总是很愿意将"很高兴见到你"的心情立刻表现出来，坦率地努力将"很喜欢你"的心意传达给对方。通常，这么一来，对方也会敞开心门。"今后，我们应该可以成为很好的朋友啊"，这种叫人开心不已的预感在两人之间微微洋溢着。

和仰慕已久的海外书店经营者或艺术家、作家见面的时候，我也会做同样的事。"能见到你，我真的很高兴"，当你在积极传达自己的心意之后，并因此得以打破这种语言的障壁，和对方交上朋友，你会感觉到很愉悦。

举个在商务场合用得上的例子。如果是在天气很热的日子，就自己先脱下外套吧。一旦你脱下外套，对方也能自在地脱下。然后你会发现，穿着外套显得一本正经的人，里面的衬衫可能是可爱的格子花纹，透过这些可以稍微窥见对方的真面目，以及对方作为一个人的个性、独特性。

不等待，即率先行动，积极主动。这可能需要一点勇气，还不习惯的时候你可能会犹豫或觉得羞耻，但请相信，其中有值得勇敢挑战的价值。不是等待某人向自己搭话，而是自己先开口；不是等待对方改变，而是从自己开始转变。

再遇到旧友，不要等对方开口，自己先大声打招呼吧。

成功没有捷径，唯有坚持努力，才有赢的可能。

第四辑

不要害怕输,放手去做一棵努力生长的树

选择喜欢的，后悔的概率会小一点

□简 白

表妹本科毕业，收到了三份offer（入职邀请），一份是美国D大的offer，一份是上海某外企的offer，另一份是本校的保研通知。三喜临门，她却愁眉不展，成天盘算着去哪一个地方，前程会更光明。

留在本校，等研究生毕业，出来工作，这样的文凭还是很受认可的，但似乎少了一点挑战。去D大，则充满挑战，可能会有截然不同的人生，发生什么难以估量。至于去外企，看起来就现实多了，既然要出来工作，晚几年倒不如早几年，这些时间足够升职加薪，比读研划算。

"所以，究竟要怎么选择才是正确的？"表妹跑来问我，我一时有些为难，因为她问的是正确的选择。

这让我想起了三个交情不错的朋友，大学毕业后分别如表妹的备选项，走上了不同的道路：出国留学、工作、国内读研。L是国内读研的那位，本科专业念的是药学，考研的时候毅然决然报了汉语言文学，如今在一家传媒集团做记者，收入尚可，关键是她热爱自己的工作。她的一个同事B就是本科毕业直接出来工作的，目前的岗位比L高了几级，也在那家传媒集团，B也很满意，觉得没有读研是对的，利用这几年的时间在职场上拼搏，平台更广了，职位也更高了。

至于出国留学的朋友C，过得最逍遥自在，一年前买了一辆车，近来又在父母的资助下在当地有了一套房子，她毕业后找的工作很不错，报酬高，假期多，令人羡慕。

她们每个人的选择都不同，看起来都很棒。可是，此之天堂，彼之地狱。

对于L来说，若没有经过研究生的阶段，根本不会找到自己热爱的工作。对于B来说，若当时选择去读研，还不如早点工作挣钱，在职场上扎根。而C的逍遥自在，也跟她是我们所有人中最独立、最坚强、最有自制力有关。换作别人，未必受得了初到异国他乡的寂寞和不适。

所以，哪个选择才是正确的，很难讲。人生总是会有遗憾，因为人生是一条单向的线，没有回头路可以走。选择都是有成本的，都要付出代价，没有人能预测未来。

"虽然每个选择都有好处与坏处，都有需要付出的成本，我们无法估量成本与收获，但是我们可以选择自己最喜欢的事啊！哪怕日后真的因为这个选择过得不如意，因为喜欢，后悔的概率也会小一些吧。"

在这个瞬息万变的时代，理性考量根本没有我们想象的那么重要。谁也不是先知，谁也无法预测未来。什么样的选择才叫正确的呢？

那只能是听从自己内心的选择。

边努力边快乐　很多时候，我们害怕去做一件事，并不是自身的实力不够，而是被内心的恐惧所吓倒。一旦我们勇于尝试，大胆迈出第一步，就会发现，很多事情其实并没有想象中那么难，人生也会因此看到不一样的风光。

喜欢吃鱼，就不要怕刺

□巫小诗

好朋友在一家不错的公司上班，最近有些疲惫，她在犹豫要不要走。

我说："走啊。"

她说："可我挺喜欢这里的，平台大，能学到东西，上升空间也不错。"

我说："那就不走咯。"

她说："嗯，但又有些辛苦，赚的也不如小公司多。"

我嘻嘻一笑，突然想起小时候我问过母亲的问题："鱼真好吃，但是鱼刺太麻烦了，有没有那种鱼，光有肉没有刺的？"

当然没有。

工作也一样啊，想要平台好技能高晋升空间大，又想要事少钱多，这跟想吃到一条只长肉不长刺的鱼是一样的心态。

1

因鱼刺卡喉，我受过不少折腾，喝醋是家常便饭，也尝试过猥琐抠吐，碰上顽固的鱼刺，还去过医院的口腔科请镊子出山，可这样依旧没有阻碍我吃鱼的步伐。

我超爱吃鱼，尤其是麻辣水煮鱼，它不仅好吃，还能吃很久——可以吃鱼肉，可以吃藏在下面的榨菜，红红的汤可以用来泡饭，凉了结成冻也好吃，隔天还能用鱼汤煮面。

喜欢吃鱼，就不要怕刺啊，毕竟跟一口口的美味相比，偶尔卡刺根本算不了什么。

如果公司很好，只是有些辛苦，那这样的缺点，充其量只能算是小小的鱼刺，喜欢这份工作的话，是能对鱼刺一笑了之的。

假如鱼刺般的辛苦让你觉得无法坚持，那大概是因为，你并不喜欢这份工作吧，毕竟，热爱是可以驱赶疲惫的。

2

室友暗恋一个男生很久，每次谈到他，都一脸痴情，我明明坐在二十多岁的她的对面，却会误以为自己回到了中学的课堂。

她小心翼翼、厚着脸皮地靠近对方，为他放弃了一些机会和梦想，这种痴狂，让她仿佛有种懵懂的中学生模样。

可最近室友不太开心，她陆续发现了对方身上的缺点，她开始反思，到底该不该继续喜欢这个人。

我不知道，因为我不是她。

我只知道，有些缺点是鱼刺，有些缺点是刀子，有人会因为鱼有刺而拒绝吃鱼，也有人会因为满腔热爱而不怕死。

3

喜欢一个人，就不要害怕他的缺点。

喜欢一份工作，就不要畏惧它的辛苦。

所有的喜欢都是这样，所有的喜欢都不要害怕。

茫茫人海，滚滚红尘，能遇上一个喜欢的人，一件喜欢的事，真的太难得了，卡在喉咙里的鱼刺可以拿出，错过的风景也许再难弥补。

一边努力一边快乐

"做自己"是一段漫长而孤独的旅程，"做自己"也意味着接受自己的不完美和独特之处。不必试图去取悦他人或一味迎合社会的期望。因为，独特的你，本身就很美。

喜欢攀岩的虾虎鱼

□赵盛基

有一种鱼并不安分,常常要离家出走,看看海洋外面的世界,这就是虾虎鱼。虾虎鱼基本游弋于以沙石为底的浅海区域,是世界上寿命最短的脊椎动物。它们大多不到10厘米长,一般能存活2~3年,最短的只能活50多天。它们不善游泳,却喜欢攀岩,身边岛礁的悬崖峭壁是它们登攀的路径,顶峰才是它们向往的目的地。

陡峭的崖壁如刀削斧砍一般,虽然虾虎鱼腹部长有吸盘,但向上攀登也十分不易。只见,一条条虾虎鱼钻出水面,吸附住岩石,开始一点点地向上蠕动。攀爬途中,常常跌入海里。它们不灰心,不气馁,从头再来,乐此不疲。经过两三天甚至更多日子的艰难跋涉,终于到达顶峰,来到了另一个世界。无疑,它们成了成功者。

无限风光在险峰。顶峰不同于大海里,是另一番旖旎风光。小溪潺潺,泉水叮咚,碧草青青,树木葱茏……成功的虾虎鱼尽情地领略着这片世外桃源的一草一木,一石一水。然而,成功登顶的只是极少数,这番风光被亲临其境的它们享受到了,而绝大多数虾虎鱼是暂时甚至永远也享受不到的,它们还在路上跌跌撞撞、前赴后继地奔波呢。即便如此,谁也阻挡不住无数为之奋斗跋涉的脚步。

> 命运掌握在自己手中。要么你驾驭生命,要么生命驾驭你,你的心态决定你是坐骑还是骑手。

李昌钰洗试管

□潘国宁

20世纪60年代，一名中国年轻人到美国求学。为了赚取学费和生活费，他在纽约大学医疗中心清洗试管。年轻人去报到的第一天，主管乔治向他传授了工作秘籍：只需下班前一小时简单清洗试管就行。年轻人对这个秘籍很不解。乔治以过来人的口吻说："实验室里的试管和仪器是洗不完的。你洗得再频繁，到第二天又会积攒一堆。洗多了也不会多拿钱，我们不用那么努力！"出人意料的是，年轻人并没有按乔治教的那样偷懒。他每天一大早就来到实验室，只要有用完的试管，就马上一丝不苟地清洗起来，洗得又多又干净。主持实验室工作的教授把这一切看在眼里，于是问年轻人是否愿意帮忙做实验，但没有任何报酬。年轻人毫不犹豫地答应了。乔治得知此事后嘲笑他傻。然而一年后，年轻人就升为研究助理，后来又晋升为教授，最后当上了美国康州警政厅厅长，可"聪明"的乔治还在清洗试管……

这个年轻人，就是誉满全球的神探李昌钰。李昌钰讲到这段经历时说："认真做好每件事才能成功。"对待工作马马虎虎，以为自己占了便宜，实际上是吃了大亏。

一边努力一边快乐

想要找到水源，与其去凿许多井，不如集中时间和精力去凿一口深井。深耕自己就是最大的远见！

拒绝成长的戏剧性

□吴晓波

村上春树：30多年来，每年写一本书

村上春树年轻的时候，开了一家爵士乐酒吧。因此，所有熟悉他作品的人都会发觉，他的每一本书里面都会有一些自己对音乐的解读，他会把自己喜欢的音乐家、作品推荐给大家。他在音乐方面是挺有研究的一个人。

到了30岁，村上春树写了一篇小说叫《且听风吟》，这篇小说当年获了很多奖。从此，村上春树一举成名。

在30岁时写出一本畅销书的年轻人，我们现在大概可以举出500个。那村上春树厉害在什么地方呢？他的厉害之处在于，当时是1979年，他30岁，此后他每年都能写出一本书。大家想一想，一个人每年都要写一本书，能坚持这么多年，好难啊！一个人要每年写一本书，需要两种东西：

第一，需要一定的知识积累；

第二，需要对每年的作品做一个长期的规划。

也就是说，你今年写这本小说的时候，就想好了明年写什么，后年写什么，大后年写什么。它不是一个串联的行为，而是一个并联的行为。

而且你不可能每年都写出一本大部头的畅销小说，所以村上春树非常有趣，他一两年写一本长篇小说，中间会写一本随笔集、短篇小说集、对话集、翻译作品，甚至还有绘本。这种长短交叉、轻重结合的节奏安排，让他在长达30多年的时间里能够持续地写作。

每个人都是职场上的商品

作家是这样，歌手是不是也这样？

歌手也是。一名歌手处在事业的巅峰期时，一定会每年出一张专辑、开一些巡回演唱会。演员也是这样，甚至连服装师也是这样。

有一位服装大师叫三宅一生。从1976年开始，他每年都到法国巴黎时装节举办服装展览。对此，三宅一生说："我之所以每年都要去法国举办服装展览，有3个原因：

"第一，我要考验我的意志。我有没有意志力能够坚持每年举办展览，而且不能重复去年和前年的作品？因为每一个来到三宅一生时装展的人，都带着无比挑剔的眼光。

"第二，我必须保持对时尚的敏锐性。我每年的作品必须告诉大家，对于当年时装的颜色、风格、美学，我三宅一生是怎么认为的。

"第三，无论是一名作家、一名服装设计师，还是一名歌手、一名演员，他的背后都有一条非常长的供应链。有人生产，有人营销，有人传播。如果你是一名作家，你8年才出一部作品，可能到第5年，你的供应链上的人都已经走光了。你只有每年出一部作品，才能够把供应链上的每一个人留住，你才是一件合格的商品。"

我们每一个人都是职场上的商品。你这件商品的价值一方面来自你的才华和灵感；另一方面，必须有一块更大的基石，就是你能持续地供应产品。

成功是一场长期的战争

彼得·德鲁克说："怎样才能算是一名成熟的企业家呢？很简单，只需看一件事，就是你有没有拒绝戏剧性。"

各位反思一下自己，你有没有拒绝戏剧性？你有没有稳定地成长？一家好的企业、一名好的职业者，关键就在于其能够提供一种稳定的、可持续的成长模式。

一个人之所以成功，一定不是靠心血来潮，也一定不是来自某一时刻的灵感迸发，而是必须保持对一份工作的热情，以及对世界的好奇心，对自我的身体、知识体系的更新和管理。成功是一场长期的战争。

> 一边努力　　哪有那么多天赋异禀，那些优秀的人都曾和你一样，默默地
> 一边快乐　翻山越岭。

大部分的熬夜都无关努力，只是低效而已

□巫小诗

熬夜在大学校园里还挺常见的，写论文的、考前突击的……至于玩游戏的、看剧的和刷手机的，这些充其量只能叫晚睡，连熬夜都算不上。

半夜刷一刷微博和朋友圈，经常能看到这样的状态："复习到三点，眼快睁不开了""这个点还在剪片子，我也是蛮拼的"。还有文艺一点儿的版本："你看过凌晨四点的北京吗？"

状态底下自然是一堆嘉奖和安慰："你太努力啦，休息一下吧。""别太拼命，身体最重要哦。"当事者带着"我很努力"的心理认同，继续披着月光，把事做完。

在无数个熬夜的夜晚，我们大概也都是这样被自己感动，觉得自己很不容易吧。可是心中那个正义的小人啊，总是要在我们被自己感动的时候，跳出来骂上一句"你活该"呢。

有时候，我从下午三点开始坐在电脑前，漫无目的地走神和闲逛，然后，直到晚上十点才敲完文章的第一段话。这期间，我发现我的手机很好玩，我的水杯很好玩，我的桌子、我的头发，跟写作无关的一切，都很好玩。

一般的约稿有一周的准备时间，专栏和常驻就更不用说了，一个月。这么长的准备时间，我有时间发呆，有时间无所事事，本可以轻松完成的一项任务，被喜欢拖延的自己变成了截稿日期前的一个个无眠夜晚。

这样的我，不，这样的我有很多，暂且称为"这样的我们"吧。这样的我们，跟上课时睡觉，考前不吃不睡复习的学渣没有两样，而即便是如此不堪的我们，也在希冀着得到"你太努力啦，休息一下吧"之类的嘉奖与安慰，真是太臊得慌了。

这一两年来，我很少熬夜写作，但完稿的数量比以前要多。我去图书馆写作、去自习室写作，把一个个大任务分成一个个小部分，今天写不完这篇小说，那我就写一个章节，甚至一个场景，一个比喻句。今天没有时间安静地坐下来，那睡前的时候、坐公交车的时候，我就在手机里的备忘录写下一些小想法，把碎片化的时间利用起来，这些时间，都是我从日常中借来还给睡眠的。

我不会拿"我喜欢熬夜，因为我熬夜的时候效率高"这种话来自欺欺人了，我知道，这就跟"我喜欢迟到，因为迟到的时候我会走很快"一样毫无意义，被逼急了而跳过围墙的那条小狗，并不是什么潜力型选手。

大部分的熬夜都无关努力，只是低效而已啊。

大部分的熬夜都无关努力，那剩下的小部分呢？

剩下的那小部分很努力地在熬夜的人，希望你能有足够的热爱，如果没有，那你或许应该考虑换一份工作，换一种兴趣，因为你的自由和健康，比一切都重要。

> 一边努力
> 一边快乐
>
> 别畏惧暂时的困顿，即使无人鼓掌，也要全情投入。真正改变命运的，并不是等来的机遇，而是我们的态度。

好人生，属于好主人

□王月冰

多年前，在老师家中，我见到一个很有意思的人。他也是老师的学生，和我们一样去看望老师。可是，在老师家，他就像主人一样，给我们泡茶、张罗饭菜。我们以为他和老师有亲戚关系，老师却说，这是他第一次来这里，"这孩子到哪儿都像个主人，好像天生有种责任感"。老师告诉我们，这位学长家里条件并不好，学历也不算拔尖，却成功竞聘进了北京的一家知名公司。"应该是他这种'主人翁精神'帮了他。"

我后来去北京，拜访了这位学长。那时，他还租住在一间破旧的房子里，忙着装修，从二手市场淘了些旧家具改装，买来油漆自己刷墙。我说："租的房子你还这么认真呀？"他说："我住在这儿，那我至少现在是房子的主人，当然要把它打扮得漂亮些。"

后来，我渐渐发现，学长不只是出租屋的"主人"，他也是很多地方的"主人"：坐公交车他会捡起别人丢在地上的纸屑；走在路上看到塞车，他会跑过去指挥车辆维持秩序；办公楼的电梯出了故障，他就去报修……

对于他打工的那家公司，他更是"主人"。公司的一切事情，似乎都与他有关。有一次下大雨，我和他在外面吃饭，他居然急忙丢下饭碗跑去公司楼下，只为看一下公司的窗户是否关好了。我说："你又不是公司的老板，何必这么上心？"他说："我在这儿工作，就是这儿的主人呀！"

前几天，老师告诉我，"主人翁学长"现在已是那家公司的副总了，还拥有了不少股份。我点头，心想，他现在是公司名副其实的主人了。

面对同一件事，被动还是主动，做客人还是做主人，均在一念之间。如果面对一切都把自己当成路人，便只能永远烦躁地奔波在路上了。

好人生，属于好主人。

从今天开始努力吧，最坏的结果，也不过是大器晚成！

纵然人生再苦，也别成为失乐人

□慕容素衣

认识一个男人，从小生活在单亲家庭，和妈妈的感情十分好，妈妈也把他照顾得无微不至，倾尽心血来培养他。他长大后很优秀，升职加薪、娶妻生子都很顺利，还买了一套大房子，把妈妈接到城里来住，准备让她享享清福。

谁料飞来横祸，妈妈来了没多久，就因为一场车祸去世了。

从那以后，他的世界完全坍塌了。以前那么意气风发的一个人，变得萎靡颓丧，陷入无休止的内疚和追忆中。朋友们谁劝慰他，他就像祥林嫂附体一样喃喃自语："都怪我，要不是我把妈妈接到城里来，她就不会发生车祸了。"

妻子见他消瘦，精心给他煲了汤。他一喝，皱眉嫌弃地抱怨："火候不够，还是我妈妈熬的好喝。"

妈妈走了，带走了他所有的欢乐。

距离事发已经一年多了，他还是沉浸在巨大的悲痛里。妈妈的猝然去世在他心里投射下一块巨大的阴影，腾不出地方来吸收阳光。他活在一个没有阳光的世界里，一个人反反复复地咀嚼着自己的悲痛，无视身边人的感受。

作为朋友，我们曾经劝他走出来，他沉痛地说："古人父母去世，要守孝三年，我这还没满三年呢。"看他伤心欲绝的样子，我们真不忍心把事情点破，真要持续三年的话，最后怕是要妻离子散了。

我不喜欢"和命运抗争"的说法，我们要学的是和命运心平气和地共处，接受它赐予的残酷，也享受它给予的美好。

电影《这个杀手不太冷》中，小女孩问杀手里昂："人生总是这么痛苦吗？还是只有小时候是这样？"杀手回答说："一直如此。"如果有人这么问我，我会这样回答："小姑娘，纵然人生是苦的，也别忘了往里面加一点儿甜。"

理想与现实差了十万八千里，我鞭长莫及，却也马不停蹄。

多一步不想

□曲家瑞

这是一个发生在几年前的故事。

有一次,我去师大夜市吃东西,等餐的时候和同桌的一个男生聊了起来,他告诉我,他是另一所大学的毕业生。

"你不是师大的学生,怎么会跑到这里来呢?"

"我来这里游泳。"男生说。

"你已经毕业了,以后打算做什么呢?"我找话题随便聊聊。

"我要去苏格兰念数学博士。"他的脸上露出自信的笑容。

"怎么会想到去苏格兰念博士?"我好奇地问。

"我拿到了全额奖学金。"男生回答。

"哇,真厉害!"

"我其实连哈佛和耶鲁都申请到了,但是因为只有苏格兰的学校给了我全额奖学金,所以我选择去苏格兰。"

"你是做什么研究的?"

"数学运算。"

"你能拿到奖学金,肯定很厉害啊!"

"全世界懂数学运算的人太多了,你知道他们为什么要发奖学金给我吗?"男生笑了笑,告诉我一个诀窍,"因为我事先做了功课。申请学校的时候,我查了资料,得知下一届奥运会在伦敦举办,还查到奥运村就在我想申请的那所学校，所以我做了一个提案，内容是帮助他们的国家游泳代表队做数学运算，推测在不同条件下游泳选手的表现数据。"

"这样做真的有帮助吗？"

"有啊，比如我可以帮他们计算游泳选手穿什么材质的泳衣在水中的阻力最小，可以计算出不同的选手每分每秒的差距是多少，还包括不同的选手穿不同材质的泳衣会有什么样的差别，我推算出极为精准的数字，这些可能成为选手获胜的关键。"他告诉我，因为他热爱数学，也喜欢游泳，所以才会想出这个提案。

这个提案打动了苏格兰的学校，学校不但通过了他的博士申请，还愿意提供全额奖学金。

"即使是申请学校，也要多用点脑子，如果只是写贵校有多好，自己很想成为其中的一员，很难从那么多申请人中脱颖而出。

"我觉得应该反过来想一想：学校为什么要收你？你能为学校贡献什么？我攻读的数学运算是十分精细的学科，就算今年无法帮他们的选手夺得一个好名次，下一届奥运会也有机会，这对他们来说很重要。"

很多时候，我们都以为成功的人是因为特别幸运，或是因为占有较多的资源，所以可以取得傲人的成绩。

实际上，要想从众多精英中脱颖而出，必须比别人多想一步，而多想的这一步往往是一个人最后能够胜出、成就目标的关键。

> **一边努力一边快乐**
> 很多时候，我们做不了一件事情，并不是因为不行，而是因为不敢。没有勇气面对陌生的世界，就不要抱怨自己找不到机会。放下心里的包袱，每个人都可以很优秀。

喝咖啡选对围裙颜色

□黄增强

一般人可能不会特别注意星巴克店员身上穿的围裙的颜色，店员们穿的围裙分为绿色、黑色和咖啡色三种颜色，而每种颜色都有不同的含义。

我们通常见到的店员身上穿的围裙是绿色的，这是三种颜色中最普通的颜色。一般兼职员工和正式员工穿的都是这种绿色的围裙，代表的是他们受过公司的统一训练，不管是制作饮料还是接待顾客都有不错的水准，能够独当一面，独自为客人服务。

而穿着黑色围裙的店员则被称为"咖啡大师"。店员若想要穿上黑色围裙，就必须通过每年一度的"精品咖啡大师"的选拔。

店员怎么才能够参加"精品咖啡大师"的选拔呢？原来星巴克咖啡连锁店总店每年都会举办一次"精品咖啡大师"的选拔，为所有门市的人员提供获得黑色围裙"咖啡大师"荣誉的机会。

但是，要想成为"咖啡大师"并不是件容易的事情。在报名认证考试之前，参加选拔的人除了完成星巴克的员工训练，还必须参加门市举行的咖啡品评活动至少45次。学习品尝各种不同咖啡的风味，能够准确调配出客人所点的咖啡，具备丰富的咖啡知识，才能参加笔试与口试。如果被选拔为"咖啡大师"，虽然不会加薪，但黑色围裙会给他们带来至高无上的荣誉感。

穿咖啡色围裙的人是星巴克在世界各地通过比赛选出来的"咖啡大使"。因此，"咖啡大使"的技艺无比精湛，如果你有幸喝到"咖啡大使"调配的咖啡，定然会回味无穷。

如果你想到星巴克咖啡连锁店喝咖啡，一定要选对门市店员身上穿的围裙颜色，这样才能喝到你想喝的咖啡。

没有人可以回到过去，但谁都可以从现在开始。

不要小看30天

□蒋光宇

一位观察者对一个荷花池每天开放的荷花数量进行了统计：第一天，只有很少的荷花开放；第二天，荷花开放的数量是第一天的两倍；第三天，荷花开放的数量是第二天的两倍……按此规律，到了第29天，荷花池中的荷花开了一半。令人惊讶的是，到了第30天，荷花猛然开满了整个荷花池，一派生机盎然。观察者将此统计概括为"30天荷花定律"。

从"30天荷花定律"，不禁想到了摩根和卡茨的故事。

摩根是个身体健康、说干就干的青年。一天，他突发奇想，开始了一日三餐都吃麦当劳、连续吃上30天的实验。他确实坚持吃了30天，并用摄像机记录了实验的全过程。30天之后，摩根的身体状况出现了显著变化：不仅体重增加了23斤，而且患上了轻度抑郁症，还出现了肝脏功能衰竭的症状。

卡茨是个谷歌工程师、肥胖的宅男。他得知了摩根的实验结果后想：既然30天可以让一个健康的人变得不健康，那为什么不用30天使自己变得健康一些呢？于是，他给自己列了一份30天的变好计划。他要求自己每天完成4项任务：坚持骑车上下班，每天走路1万步，每天拍一张照片，用30天时间写完一本5万字的自传。还要求自己坚持4个习惯：不看电视，不吃糖，不玩推特，拒绝咖啡因。可以说，除了那本5万字的自传，其他7项都是非常小的挑战。即使是这本自传，平均到每天也不过是要写1667个字。30天后，卡茨果然变成了一个比较健康、乐观和有文采的人。他颇有感触地说："做有益的小事，完成既定的目标，30天后的你就会变得更好，届时你会感谢自己的努力。"

看来，无论是自然界还是人类社会，都遵循着由量变到质变的规律。不要小看每一天的变化，即使不算长的30天，也足以让人产生显著变化。

运气不能持续一辈子，能持续一辈子的是个人的能力。

做得多不如做得好

□吴淡如

我一直有个可怕的毛病，尤其在有一堆事情等待我处理时更加明显。比如说，我通常在早上写稿，中午弄东西给自己吃，"贪多务得"的习惯在这时候便展现无遗。

我会先把煮水饺的水烧开，然后，看一看阳台上的花木，有几片橘黄的叶子该剪掉了，我立刻戴上了手套，寻找园艺用的剪刀。打理花木时我看见昨天晒的衣服还没收，待会儿可能要下雨了，于是我又放下剪刀，把衣服收进衣柜里。这时发现衣柜里的衣服放得有点儿不顺眼，又顺手理了理……

糟糕，水老早煮滚了，我放了水饺，心想，为什么不连餐后咖啡一起煮，省点儿时间呢？于是……然后我又等得不耐烦了，随手翻开书架上昨天买的书，趁着空当读了起来。

有一次，因为发现水饺快被我煮烂了，情急之下，赶快熄火，掀开锅盖时，不幸地被旁边正在加热的摩卡咖啡壶所吐出的蒸汽烫伤。

是的，我贪多务得，企图在最短的时间内做最多的事。我一边用冰敷着我的手臂，一边检讨，我为什么要一口气做这么多事？我真的省了时间吗？我把每一件事都做好了吗？

答案是，没有。而且除了烫伤我的手，不知道还损失了多少脑细胞。我为什么要把自己搞得这么紧张，明明只是在做家事？于是我想到了高中以前的数学课。

数学对我来说，一直是"不管我怎么努力，都考得不太好"的一科。其他的科目我不太费力就可以在班上名列前茅，但是天知道，数学花了我多少力气，仍没有取得我觉得"应得"的成绩。到了高三，我想，放弃算了。

有一次，题目既多又难，每个同学都在唉声叹气。我忽然看到了一线曙光。

"慢慢来，能做多少就做多少吧。管他能得几分呢？"我开始从可能会的那一题做起，十分确定自己做对了之后，再慢条斯理进攻下一题，然后，再做下一题。真的不会，就放手，用耐心跟时间磨，完全不管时间到了没有。结果，出乎意料地，我竟然考及格了。全校只有七十多人及格。数学老师跌破了眼镜，笑着说："有进步，有进步！"

做得多不如做得对，我这才发现自己原来的毛病出在哪里。对于数学，我不是不能理解，只是反应比较慢，而我一直想把每一题都做完，对时间的恐惧加上对自己能力的否定，使我在惊慌下把会的题目都不够谨慎地做错了。从此我谨记这个教训，能做多少就做多少。

我常常得克服自己以"贪多务得"来处理手边一堆事情的毛病，也尽量不让自己在同一时间内处理那么多事情，至少先把先后顺序和轻重缓急分出来，把重要的事情先做好。

不必担心做不完，该担心的是，如何把第一件事做完再做第二件；就像在读书的时候，如果你在准备复习历史时，想着明天还有地理考试，还要考《论语》《孟子》的默写，就永远无法把真正该放进脑袋里的东西好好装进去。而且，当脑袋混乱时，你的情绪一定好不了。

一边努力一边快乐　有人在奔跑，有人在睡觉；有人在感恩，有人在抱怨；有目标的人睡不着，没目标的人睡不醒。努力才是人生应有的态度，睁开眼就是新的开始。

时间开窍

□丁菱娟

大约两年前,我买回一套喜欢很久、纯白色的景德镇出品的餐具。兴奋之余,放水冲洗,一不留神,一只盘子扣在了汤盆上,如胶似漆,怎么弄都分不开,那个气哟!老妈说:"放锅里煮煮试试!"煮了十分钟,盘子纹丝不动。用螺丝刀撬,枉费心机;用锤子敲,承受不起。打电话问商场,回答说之前没遇到过类似问题,自己想办法!无奈中只得放弃折腾,束之高阁。

过年之前,收拾厨房,我偶然翻出扣着盘子的"新"汤盆。上面落了许多灰尘。叹息之后,我忽然想再试试能不能分开它们。用手拨弄两下,没开。心不死,找来擀面杖,沿瓷盘边缘,一点点慢敲。盘子发出阵阵声响,很有节律。呵呵!仿佛音乐,别有韵味。不知道敲了几圈,盘子与汤盆间开始松动;继续敲,"哗啦"一声,盘子与汤盆突然分离,无比高兴!

奇迹在两年后出现。仔细琢磨,怎么那么容易就分开了呢?用食指划拉瓷盘上的土,再看盘沿与汤盆咬合之处:岁月的剥蚀与灰尘的入侵早已离间了盘与盆的亲密,以至于当初的无懈可击显出了丝丝缝隙。忽然间就觉得,当初选择不折腾、不较劲、不理睬和不心疼是对的。如果当时因为舍不得而一味纠缠,非要一个结果的话,也许那个扣着盘子的"新"汤盆早被我弄碎了,一定等不到今天。

庆幸时间叫人开窍。有时候放一放,对自己,对别人,都好。

不要让追求之舟停泊在幻想的港湾,而应扬起奋斗的风帆,驶向现实生活的大海。

英国火车站的奇葩晚点理由

□乔凯凯

多年前,我随同事到英国出差,顺便去看望在伦敦读书的表弟。我们买了维珍火车公司的车票,火车票是7点半的,但直到8点,火车还没来。

"又晚点了。"表弟无奈地摊开双手说,"如果哪次不晚点,我们倒要感觉意外了。"这时,候车室大厅的屏幕上重复播放着一行字幕。"对不起,我们晚点了,因为驾驶员的眉毛坏了。是的,他的眉毛'扭伤'了。"我一边好奇地念,一边笑个不停:"这是什么鬼理由呀?"看到我乐不可支的样子,表弟也情不自禁地跟着笑了。

表弟告诉我,在英国,因为各种原因,火车晚点是很常见的事情。以前,列车公司都会给乘客解释晚点的原因。比如,列车厕所水箱加水、乘客行为、车轨黏着力弱、信号问题等。但是,这些专业的"学术词语"让顾客难以接受,大家都表示看不懂,甚至觉得火车公司是在敷衍。于是,乘客们的情绪更加恶化,火车公司接到的投诉也越来越多。

后来,火车公司便想到了一个新方法:用冷笑话的方式来解释晚点原因。火车晚点已经是既成事实,再怎么解释都是事无补,不如来几句调侃,以缓解乘客们的焦躁情绪。"一个巨型小丑挡在了路上""海鸥袭击了驾驶员的头部""车轨太热了""克鲁郡的羊跑到车轨上了"……这些奇葩理由出现后,乘客们的不满情绪确实得到了缓解。"可是,仅仅这样,乘客们就原谅火车公司的屡屡晚点了?"我有点儿怀疑地问。表弟笑了笑说:"当然不是,关键在后面。在英国,火车晚点是可以申请'补偿'的,无论晚点的理由是什么,只要火车延误超过30分钟,他们都会进行赔偿。延误30分钟至59分钟,可获得50%赔偿;延误一个小时以上,全价赔偿。"

精神和物质层面都能兼顾,乘客怎会不满意呢?

不能听命于自己者,就要受命于他人。

从菜鸟到大师的距离

□张一楠

我有一位朋友,他的文化程度不高,初中都没有念完,但是在全中国做拉面是第一名。连续三年做拉面,连续三年第一名,年薪一百多万元。

后来有人问他:你的拉面是全国第一名,那么多人喜欢吃,你到底用什么和面?他每次都平淡地告诉别人:我是用汗水和面。

他每天练习做拉面,就一个标准,就是看有没有练出汗来。如果没有练出汗来,就绝不会停止。每天练出汗来以后,再穿上内衣,穿上衬衣,穿上西装。

他现在穿着西装做拉面,可以做到不让面粉沾在西装和领带上,一个白点都没有。他从16岁开始,天天练习做拉面,风雨无阻,从不间断,结果就这样练成了全国第一名。

其实,世间所有的行业里都没有大师,大师也曾经是弱小的菜鸟,但是经过千万次的练习,千万次的修正,千万次的反思和自我超越,他将普通人远远甩在了他视线之外的远方,他就成了大师。我想告诉大家一个惊天的秘密,从菜鸟到大师的距离,就是练习。

成功不是瞬间的闪光,而是自始至终坚持不懈的努力和积极向上的心态。

别 人

□倪 匡

有很多种痛苦，是人自己找来的，喜欢和别人做比较，就是一种自己找来的痛苦。

自己是自己，别人是别人，为什么会有那么多人，把自己和别人做比较呢？本来是全然没有关系的两个个体，一比较，事情就多了起来，种种困扰痛苦，也就应运而生。

在比较的过程中，很多人都会发现，别人比自己生活得开心、快乐；也会发现，别人的事业顺利、爱情顺心，而自己仿佛什么也没有。

在比较的过程中，在发现别人比自己强的情形下，愤懑之心，油然而生。为什么？自己好像在任何地方，条件都不比他差，何以在实际上，却处处不如别人？这是为什么？是命运差，还是一时的时运未济？将来会怎样？会一直比别人差，还是有朝一日，可以飞黄腾达、扬眉吐气？

在和别人比较的过程中，很难发现别人比自己差，原因很简单：第一，人很少与表面上看起来比自己差的人做比较；第二，表面上看起来比自己好的人，他的差处，别人是看不到的。

别人怎么样是别人的事，要自寻烦恼，尽管经常找人比较。

一以贯之的努力，不得懈怠的人生。每天的微小积累会决定最终的结果。

疾风知劲草

□刘 墉

童年时代我曾经在长辈的指引下看过一种竹子,长得很高大,主干却柔嫩得可以切片炒着吃。从那以后,每次经过竹林,我总要进去找找看,但是因为这种竹子跟其他劲拔坚挺的修竹外表毫无分别,所以我总是怅然而返。

最近在教学生画竹的时候,我又提到这件事,有一位学生马上讲:"找这种竹子太容易了,我以前住在乡下的时候,就常吃这种竹子。"我问他:"难道外表有所不同吗?"学生回答:"没有,平常看起来与其他竹子毫无分别,但是只要在狂风过后,到竹林去看,很容易就能发现它,因为别的竹子依然完好,这种竹子却经不起狂风而折断了!"

人不也是如此吗?有些人表面看来十分坚强,在平常无法窥透他的内心,但是只要经过大风浪的考验,很自然就显现了他怯懦的本质。古人说"疾风知劲草,板荡识诚臣""患难见真交",大概也就是这个道理吧。

奔跑,就是走出自我的小世界,走向外面的大世界,不怕折腾,勇于传递自我的正能量。

第五辑

要在我的落拓人生里，高歌破阵

没有白费的努力，
也没有碰巧的成功

□鹿十七

我们的生命里，藏着我们读过的书、走过的路、爱过的人；那些奋笔疾书的夜晚，那些煮茶读书的日子，那些背起行囊流浪的岁月……它们串联起来，才能换来我们现在丰盛的人生状态。

1

读研的时候，我曾帮一位老师做过一个与非洲相关的项目。那位老师不是我的导师，所做的项目我也不是很感兴趣。可是，因为我本科期间学过法语，而研究非洲国家的历史又必须参考很多法语资料，所以那位老师要求我和他一起做项目，而我的导师也同意了。

起初，我对完成这项任务非常反感——我总是觉得自己是在做一件很累很傻的事。可是，任务压在身上，又不得不做。于是，我只好每天背着电脑和很厚的书去图书馆，耐着性子一点点翻译、一点点整理，再拿着材料去和老师分析探讨，花了近半年时间，才终于写完项目规定的论文。我长吁一口气，觉得以后再也不用和非洲相关的问题打交道了。

可人生总不会完全按我们的心意发展。又过了一年，我准备写毕业论文了。然而，在开题时我遇到了很多麻烦，以至于论文题目迟迟没法确定。导师让我想一想自己对哪方面的问题有较为深入的研究，我低头想了半晌，说出两个字——"非洲"。

我没想到，这份我当时无比抵触的工作，如今竟对我的毕业论文产生了极大的帮助。毕业论文很快确定了题目，幸而曾经整理过大量的非洲问题材料，我在毕业论文选题时可以直接想到它们；在之后的研究和写作中，我也因之前的积累而游刃有余。

曾经以为自己帮那位老师做项目是件很傻的事，以为是浪费自己的时间和精力。可到写毕业论文时，我当真无比感激自己曾那般努力地研究每一个问题。果真，人生没有白费的努力。珍视自己付出的每一份努力，终有一日，它们会盛开如繁花，惊艳我们的生命。

2

因为很多非洲国家都以法语为官方语言，所以不少去非洲的国内工程队都会带几个法语翻译过去。本科毕业时，我们法语班很多同学便选择了这份工作，这意味着毕业之后他们要在那片大陆待三到五年。

M也是如此。根据协议，她要在那里至少工作三年。M的妈妈很反对，可从小就有主见又带点儿任性的M还是义无反顾地去了。临行时，M兴冲冲地跟我说："等赚到第一桶金，我就回来做点儿自己喜欢的事儿。"

一年后，M告诉我，她染上了痢疾，久治不愈，只好申请回国。M的妈妈在欣喜之余，埋怨她在非洲浪费了一年的时间。M却不这么认为。

M本科时修了经贸类专业的双学位，因此从非洲回来，她很快就找到了新工作。只是没过多长时间，我又在朋友圈看到她飞去非洲了。好奇之下，我忙问她是不是又辞了国内的工作出去了。

"不是呢，我们公司想开辟非洲市场，刚好我在非洲工作期间积累了一些经验和人脉，就飞过来一趟，准备把这里的人脉关系介绍给公司。"M开心地告诉我，公司很看重她的非洲工作经历，她也因此在刚入职几个月内就得到快速提拔，"你看，我就知道我在非洲工作一年的经验不会白白浪费。"

果然，人生没有白去的地方，没有白走的路。即便是有些看似弯路的经历，说不定也能为之后的正途指引方向呢。

命运在用这样的方式告诉我们，只要认真对待生活，终有一天，你的每一份努力，都将绚烂成花。

浮舟沧海　立马昆仑　　日日行，不怕千万里；时时做，不惧千万事。

来不及就不学了吗

□乐乐淘

我读高中的时候，高一和高二的成绩排名一直徘徊在班级倒数十名。

不过，我上的是省级重点高中，每年能有20名学生考上清华北大。即便在那所高中考个倒数第十名，考进一本院校也不是很难。

高三开始的时候，想努力突破一下，却不知道怎么突破，下了很大决心去学，但是觉得同学们实在太强了，简直无法超越。

我挨个科目问老师求打气，说："老师我现在努力，还来得及吗？"绝大部分老师的回答都是："来得及，好好学！"

只有历史老师，眼都没抬说了句："我说来不及，你就不学了吗？"

于是我把重心从问人"来不来得及"转到了拼命做题学习上来。再也不去想"来不来得及"。因为的确，别人说来不及，还是要学的，多问也是给自己添堵。

那一年，我每天只睡6个小时，身体很差，每个月挂吊瓶。但后来奇迹真的出现了，我从班里后十名奋起直追，在第三次模拟考试时进入了班级前十，老师和学校都很惊奇，逐渐把我作为清华北大的重点苗子开始培养，并安插进了周末的尖子班。这个班很牛，一共50人，周末抽调全校最强的老师集中补课，免费。目的就是冲清华北大。

当然后来我没考上清华北大，数学分数还是差了点儿，智商问题。只进了一所普通的"985"院校，也算是给高中一个满意的交代了。

再后来是第二件事，练字。

我以前写字巨难看。读研究生第一年，决心改变一下。

都23岁了，还能练字吗？

问人，问网，90%的答复都是晚了。

果真是这样吗？我又想起了5年前历史老师的那句话："我说来不及，

你就不学了吗？"

然后我就报了一个硬笔书法班，煞有介事地跟一群10岁的小朋友做起了同学。

一年下来奇迹就发生了，我把过去怎么写字都忘记了，提笔就是新练的字体，很快就被校研究生会的老师发现，并且调去做了校研究生会的书记员。直到后来考公务员的时候，一手好字还是给了我很多优势，让我从100多人中脱颖而出。

工作逐渐稳定下来，又琢磨着学点儿什么。我挺喜欢钢琴的。小时候家里条件不好没学成。现在能不能学学？

问人，问网，99%回答，晚了，没法跟5岁学琴的孩子比了。

我想了想，我今年30岁，我要是75岁挂了，还能活45年，30岁学钢琴，学到40岁也学了十年了。50岁时也能弹几首像模像样的曲子了吧？现在不学，50岁时不还是啥也不会？

然后又想起那句话了："我说来不及，你就不学了吗？"

于是找了个老师，租了架钢琴，又当起了老师最老的学生。

然后又过了一年，老师跟我说，可以考虑考二级了。因为考级曲目我已经练下来了。我想想还是算了，考完级还得加钱。反正简单的儿歌和流行歌曲啥的弹弹已经没啥压力，哄儿子时弹弹儿歌挺好的，同期一起学的妹子和小哥早就不学了，5岁的孩子也有好几个放弃了。我就这样又成了孤独的老学生，继续往前走。

我刚上班那会儿，我们老板说过一句话，现在的社会想要成功太简单，只要1%的努力+99%对网络的抵制就成了。现在想想，和那个历史老师的话基本是一个意思：不要太注重无关紧要的看法，认准目标就静下心来干，总会有结果。人不怕笨，就怕被网上言论影响得连自我超越的勇气都没有了，那才是真可悲。🌱

浮舟沧海
立马昆仑

岁月因青春慨然以赴而更加静好，世间因少年挺身向前而更加瑰丽。

每天都冒一点险

□毕淑敏

你希望自己有活力吗？你期待着清晨能在对新生活的憧憬中醒来吗？有一个好办法——每天都冒一点险。

"险"有灾难狠毒之意。以前是躲避危险，现代人多了越是艰险越向前的嗜好。每天都冒一点险，让人不由自主地兴奋和跃跃欲试，有一种新鲜的挑战性。我给自己立下的冒险范畴是：以前没干过的事，试一试。当然了，以不犯错为前提。以前没吃过的东西，尝一尝，条件是不能太贵，且非国家保护动物。

可惜眼下冒险的半径范围较有限。清晨等车时，悲哀地想到，"险"像金戒指，招摇而靡费。比如到西藏，可算是大众认可的冒险之举，走一趟，费用可观。又一想，早年我去那儿，一分钱没花，还给每月6元钱的津贴，因是女兵，还外加7角5分钱的卫生费。真是占了大便宜。

车来了，在车门前挤得东倒西歪之时，突然想起另一路公共汽车，也可转乘到校，只是我从来不曾试过这种走法，今天就冒一次险吧。于是扭身退出，放弃这路车，换了一条新路线。七绕八拐，挤得更甚，费时更多，气喘吁吁地在差一分钟就迟到的当儿，撞进了教室。

可是我不悔，改变让我有了口渴般的紧迫感。一路连颠带跑的，心跳加速，碰了人不停地说对不起，嘴巴也多张合了若干次。

今天的冒险任务算是完成了。变换去学校的路线，是一种性价比很高的冒险方式，但我决定仅用这一次，原因是无趣。

第二天的冒险尝试是在饭桌上。平常三五同学合伙吃午饭，AA制，各点一菜，盘子们汇聚一堂，其乐融融。我通常点鱼香肉丝、辣子鸡丁，这天凭着浮夸的菜单，要了一盘"柳芽迎春"，端上来一看，是柳叶炒鸡蛋。叶脉宽得如同观音净瓶里洒水的树枝，还叫柳芽，真够谦虚了。好在碟中绿黄杂糅，略带苦气，味道尚好。

第三天的冒险颇费思索。最后决定穿一件宝石蓝色的连衣裙去上课。要说这算什么冒险啊，也不是樱桃红或是帝王黄色，蓝色老少皆宜，有什么穿不出去的？怕的是这连衣裙有一条黑色的领带，穿上好似起锚的水兵。

为了实践冒险计划，铆足了勇气，我打着领带去远航。浑身不自在啊，好像满街的人都在议论，仿佛在说：这位大妈是不是有毛病啊，把礼仪小姐的职业装穿出来了？我极想躲进路边公厕，一把揪下领带，然后气定神闲地走出来。但为了自己的冒险计划，还是咬着牙坚持下来。走进教室的时候，同学友好地喝彩。老师说："哦，毕淑敏，这是我自认识你以来，你穿的最美丽的一件衣裳。"

三天过后，检点冒险生涯，感觉自己的胆子比以往大了点儿。有很多的束缚，不在他人手里，而在自己心中。别人看来微不足道的一件小事，在自己这儿，也许已构成了茧鞘般的裹挟。突破是一个过程，首先经历心智的掏、禁，继之是行动的惶惑，最后是成功的喜悦。

> 浮舟沧海
> 立马昆仑

所有选择里，逃避最容易。很多人说不喜欢，其实是想逃避，但逃避太懦弱，不如说成不喜欢，这样看起来潇洒，还能引得不明真相的身边人的羡慕，可晚上回家躺在床上看着天花板睡不着时，知道自己是做了逃兵。

嗯，曾经自卑过

□遇见Luck

1

大学里第一次深深地自卑，是在刚开学的时候。

由于是新生报到，许多父母都会送孩子来上学，和孩子一起分享考上大学的喜悦。我的父亲也不例外，他一生当中因为家庭的缘故和大学擦肩而过，所以他最大的梦想就是我能够考上大学。

拿到大学录取通知书的那天，一向坚强如山的父亲落泪了，他告诉我："孩子，你完成了两代人的梦想。"

那天，八个人的宿舍被挤得满满的。舍友来自五湖四海，有人是家里开车送过来的，有人是坐飞机过来的，也有像我和父亲一样，是坐火车过来的。

我和父亲穿着一眼就能够从城里人中区分出来的衣服，那天，我头低得好低。不过还好，大家善良地忽略了这个细节。等孩子和大人全部做完自我介绍以后，一个家长建议去酒店吃饭。父亲微微一顿，说："你们去吧，待会儿我和孩子去校园转转。"

其中一位阿姨看出了父亲的窘境，打圆场道："我们去学校食堂吃吧，听说学校食堂饭菜不错的。"

后来，我们一起在学校食堂吃了饭。当把父亲送上火车的时候，我已是满眼泪水。这是来自对父亲的疼惜，也有一种抱怨，为什么这种情况要落在我身上？那时候，我像一只鸵鸟，只想把头深深地埋在羽毛里。

2

还有一次，是在大四的求职季。

那天，我和小伙伴相约去听宣讲会。那是我很喜欢的一家金融公司，福利待遇不错，关键还坐落在上海——我最喜欢的城市。我拉着室友匆匆赶过去，还偷偷带了简历。在排除万难混进会场，听完整场宣讲之后，我更加笃定，美丽的上海已经在召唤我了！

可是，当我满心期待地把精心准备的简历交给工作人员时，她只瞥了一眼，对我说："不好意思，我们这次招聘计划没有你们学校……"我感到自己的脸变得滚烫，等到和室友走出来才听说，人家非名校不考虑。

我深深地羡慕那些著名高校的天之骄子，名校的光环使得他们在起跑线上就领先了我们一大截——这道门槛把我彻底挡在了外面。那一刻，我在歆羡之余，因为学校感到自卑不已。不过，第二天，我仍然继续参加宣讲会，积极地跑各种面试。

3

每个人都曾经自卑过。一个人的自卑，让他更好地认识了自我，认识到自己的不足而不是自大，从而在哭过、摔过以后能够继续走下去。自卑是个体的善良被这个世界无情伤害以后触发的自我防护机制，也是一个人开始和自己抗争的过程。

而努力，刚好是对付自卑最强大的武器。亲爱的你，学会正视自卑吧，认清自卑的原因。能改变的，我们拼命改变；不能改变的，我们坦然接受。在自卑面前，我们依然要尝试着做一个无畏的人。

每个人都自卑过，不论是因为自己的比较，还是来自外界的压力，看看从前的自己和现在的模样，那是你奋斗和努力过的印记。向从前挥挥手，自卑过的你现在要大步地往前走了！

正视自卑，你会走得更远，更能抓住机会。加油吧！

浮舟沧海
立马昆仑

不要等到明天，明天太遥远，今天就行动。

那些微小的改变，让我们越来越好

□艾小羊

我们常常迷恋重大的改变：等我有钱就好了，等我换工作就好了，等我换个城市就好了，等我结婚就好了，等我辞职就好了……那些重大的改变像小时候作文本上的远大理想，似乎实现了，一切都迎刃而解。

且不说重大改变是否能够到来，即使最终到来，是不是如我们想象的那样美好？

在我换第二份工作的时候，也有过这种通过大的改变拯救人生的想法。

之前做第一份工作的时候，我觉得自己赚钱不多，是没有资格享受生活的。

新工作谈定那天，我坐在朋友的车上，意气风发地告诉他，我的薪水将翻五倍，我可以去租一间有朝南阳台的房子，在上面种满花草；我要办一张健身卡，练出腹肌；我还要去海边，在可以看海的房子里度假。然后，我真的租了阳台朝南的房子，却根本没时间种花草；办了健身卡，总以要加班为由拖延；度假的时候，住在看海的房子里赶稿子。然后我说，干脆别折腾了，存够钱，我就辞职，争取40岁退休。于是我退了阳台朝南的房子，转让了健身卡，出门度假住快捷酒店，为提前退休拼命存钱。

两年后，我买了房子，成了房奴，提前退休的梦破灭了。并且随着30岁的到来，我开始对年龄产生焦虑感，害怕被社会抛弃，不再羡慕提前退休，而是羡慕那些70岁还在工作岗位上的人。

这次狗血的经历之后，我拒绝再回答"5年后，你的生活会有哪些改变"这样的问题。

改变是从当下开始的，如果当下没有改变，5年后也不会变得更好。我们经常会有一个误区，即大的改变才能拯救人生，其实不对，许多时候，是那些微小的改变，让我们越来越好。

人一旦从微小的改变里尝到甜头，就会明白，人生是由一分钟、一小时、一天累积而成的，所谓对自己负责，是对自己的每一分钟负责。

当你对当下不满意，不要想着三年后会好，五年后会好，结婚后会好，孩子长大后会好，而是如何从下一分钟开始改善。

或许这样努力生活，离你心目中那个终极的、一切问题都被解决的理想生活仍有差距，但生活的本质就是无数问题的累加，解决了一个，另外一个又会浮出水面，危机是永恒的，平静是暂时的。当你因为提高了工作效率，而提前一个小时下班，当你吃到了自己种的又小又甜的草莓，当你穿上了十年前的连衣裙，你离理想的生活已经近了一步又一步。

所以，不要问什么时候才能改变，什么时候才可以快乐，不要为理想的生活制定时间表，通往理想生活的路是从脚下开始的。

想起我的一位朋友。他从2013年开始，尝试坚持拍摄每天早晨起床后的天空，2013年半途而废，2014年也是如此，2015年终于完成，于是把照片合辑，自费出了十二张一套的明信片。

他的梦想是成为一名自由摄影师，本职工作却是做水利工程，很忙，未婚，为钱着急，也为前途着急。然而，当他谈起这套明信片，眼睛闪闪发光，我知道他从中拥有了成就感，这件看上去无意义的事情让他非常快乐。

我们需要远大的目标激励前行，更需要在每一天的改变中，明白自己对于生活可以有所作为。

在生活的激流中，你不是顺流而下、满怀无奈，而是一个掌控者，可以掌控自己的情绪、自己的时间，那些微小的分分秒秒，因为你的掌控，而变成你的时间，你的生活，它们写着你的名字，因此独一无二，因此银光闪闪。

浮舟沧海
立马昆仑   海压竹枝低复举，风吹山角晦还明。

无所不知的人为什么会一事无成

口毛羽立

我的大学生活非常丰富，我总是很忙，社团、恋爱、交友、上网、学习、开店，整天上蹿下跳。我可以在自己的名字前面加上一长串的形容词。

跟朋友们吃饭，我吐槽学业："学建筑就是苦，上回交图我熬了整整一星期的夜。上节课老师把我的方案改得面目全非，这节课你猜怎么着？他都不认识自己改的方案了，还让我再改！别的专业的同学还老不理解我们，觉得我们闲！你去画张图试试看？……唉，不说了，我得赶紧回去突击方案了。"

在同学面前，我吐槽社团："新来的小孩儿什么都不会，还牛得不得了，就这还不让说呢！我们刚来的时候哪敢这样？学校也不靠谱，布置个任务也不提前说……唉，不说了，我得开会去了。"

在社团的友人面前，我吐槽男朋友："我那么忙，他还老让我生气；我每次跟他倾诉一些事，他都不能理解；我不高兴了他非但不哄我，居然比我还不爽，最后还得我哄他……唉，不说了，我跟他吃饭去了啊。"

在宿舍的"卧谈会"上，我吐槽淘宝店的买家："那帮极品买家就知道占小便宜，上回一个买家给我一个差评，非得讹我50块钱，我在电话里都快哭了，还得给她赔笑脸……唉，不说了，明天要发的货我还没打包呢。"

每次吐槽，我得到的是大家的包容、理解，甚至是赞赏和崇拜：学建筑肯定分数很高吧，将来能赚大钱吧？你还参加社团，经常去国外交流？还上过电视？好羡慕你，这么年轻就去过那么多国家。我看过你做的那些海报和宣传单，真棒！你拍的照片也很好看。你这么有经商头脑，是遗传你爹吧？年轻的时候就是要多谈几次恋爱体验一下，唉，我就特别宅，都没什么人追！

我越发自我感觉良好，相信自己是一个精力充沛、能力超群、聪明过人的年轻人，也确实有很多人被我唬住了，觉得我挺厉害的。

但现在，我充分意识到当年的我是什么样：建筑学院里最会唱歌的，朋友圈里谈过最多次恋爱的，淘宝店主里学历最高的，同年级里年龄最小的，同龄人里去过最多国家的，游客里最会拍照的……而当我在合唱团里比唱歌，跟别的淘宝店主比成交额，在同学中比绩点，在摄影论坛比拍照水平，那我真的什么都不算。

当周围听我说话、给我鼓掌的人渐渐离去，剩下我一个人面对自己时，我才惊醒，我问自己：我活得这么热闹，到底得到了什么？

我意识到了一个可怕的事实：就好比每个人都有一块种了人参的地，别人每个坑都挖10米，我聪明，会使巧劲儿，挖了3米就能顺势把人参给挖出来。别人继续挖的时候，我就转而挖别的人参去了。我当时没发现，别人的人参都是全须全尾的，而我的都有一小半儿断在地里了。更要命的是，别人地下的坑有10米，几年过去，早就成了一口井；而我的坑太浅，依然是个坑而已。

为什么很多事作为爱好可以做得很好，一旦变成职业你就没那么喜欢了？因为作为兴趣，你只要付出30%的努力，做到70%就已经很好了；而作为职业，你必须付出150%的努力，来达到100%。

我喜欢现在的自己，现在的我接受了人生的设定：面子和里子，你只能先要一个；真正"什么都知道"的人，反而更懂得自己的无知。人生没有投机取巧的路，脚印有多深，只有你自己清楚。

> 浮舟沧海
> 立马昆仑
>
> 彪悍的人生，不需要解释。只要你按时到达目的地，很少有人在乎你开的是奔驰还是拖拉机。

试着坐下来弹一弹那架没有用的钢琴吧

□流念珠

美国著名心理学家凯瑟琳·菲利普斯有一次和几个同事做了一个实验，把一个神秘的谋杀案交给一所大学的心理系学生解决。他们将这些学生编为四人一组，总共有四十组。不过，其中二十组是四个人都是好朋友的组合，另二十组则是三个好朋友加一个陌生人的组合。

结果出乎所有人的意料。两类分组中，三加一的组合解决问题的效率更高，75%的组找出了真凶；而四人都是好朋友的组中，只有50%找出了真凶。

但让凯瑟琳·菲利普斯真正觉得有趣的，是两种类别的组员参加这次实验的感受。四个好朋友的组合里，几乎所有人都表示自己做得挺好，心里很满足；三个好朋友加一个陌生人的组合里，很多人都觉得组员之间相处困难，甚至有些尴尬，因此他们都觉得自己做得不够好。

凯瑟琳·菲利普斯是这样分析这次实验的："我们以为尴尬的陌生人会阻碍我们更好地解决问题，可实际上，他们是很有效的——他们激发我们迸发出更多的创意。有些事物，你不喜欢它，却并不代表它对你没用。"

1975年的一天，一个名叫维拉·布兰德斯的演奏会经纪人说服了世界四大歌剧院之一的科隆歌剧院，预备举办美国音乐家基思·杰瑞特的一场爵士深夜场音乐会。在1400位观众即将到场时，杰瑞特看到了维拉为他准备的那架钢琴。

杰瑞特弹了几个音，起身绕着钢琴走一圈后又弹了几个音，然后跟他的制作人嘟囔了几句。随后，制作人走过去跟维拉说："如果你们弄不来一架新的钢琴，那么杰瑞特今晚就弹不成了。"

原来，那架钢琴的高音部听起来又尖又刺耳，而黑键听起来拖拖拉拉的。另外，白键走调了，脚踏板也坏了，关键是这架钢琴的声音还特别小。

维拉很无助地恳求杰瑞特不要取消那场音乐会。她说："我知道您很不喜欢这架钢琴。但是，请您试着坐下来弹一弹它可以吗？"

杰瑞特心软了。他走上歌剧院的舞台，坐到了这架几乎弹不了的钢琴旁边，开始了演奏。当音乐逐渐响起的时候，神奇的事情发生了。原来，杰瑞特避开了高音部分，只用键盘上的中音区演奏，这使得音乐非常舒缓。因为钢琴的声音太小，杰瑞特不得不在低音区制造一些隆隆声。与此同时，他站起来扭动着，用力敲击琴键，极力地想要弹出大一些的声响，好让后排的观众也能听见。

正是他的这一系列动作，让现场的音乐效果出奇地好。音乐会结束的时候，场下的观众纷纷高喊："这真是一场激动人心的表演！"

对于这件事，就连杰瑞特都感到不可思议。他说："要上场了，坏了的钢琴你弹不弹？对于一个搞音乐的人来说，这是一个多么大的麻烦。可有时候，我们反而会因为必须解决一些麻烦而获得出人意料的优势。这正像维拉所说的那样，'试着坐下来弹一弹那架没有用的钢琴吧'。然后，弹着弹着，我就轰动全场了。"

浮舟沧海
立马昆仑

面对困难，许多人带了放大镜，但和困难拼搏一番，你会觉得困难不过如此。

自律给我更爱自己的理由

□小椰子

在知乎上看过一个问题:"你见过的最不求上进的人是什么样子?"

点赞数第一的回答是:"我见过的最不求上进的人,他们为现状焦虑,又没有毅力践行决心去改变自己。三分钟热度,时常憎恶自己的不争气,坚持最多的事情就是坚持不下去。终日混迹社交网络,脸色蜡黄地对着手机和电脑的冷光屏,可以说上几句话的人却寥寥无几。他们以最普通的身份埋没在人群中,却过着最最煎熬的日子。"

短短的几行文字,竟描绘出普通人每日的生活轨迹。

你是否就像这样,终日浑浑噩噩、随波逐流、得过且过,也曾为生活焦虑,但仍找不到奋斗的方向、无意义地耗费着生命?

《少有人走的路》里有这样一句话:"自律,是解决人生问题的首要工具,也是消除人生痛苦的重要手段。"

我表弟今年上大二,常常在微信上找我聊天,说大学生活无聊透顶、空虚至极。他列举了他日复一日的大学生活状态:"白天上课,晚上去食堂吃饭,回宿舍就和舍友一起打游戏、开黑。打完几局就觉得没意思,但又没有其他事可做。"

我问他怎么不花时间去读书,不要每次都等到考试前才临时抱佛脚,他却振振有词:"宿舍那么吵,我根本就读不进去。""那你可以去图书馆或者自习室啊。"他却总有理由:"图书馆离我们宿舍太远了,在路上要浪费太多时间。"

我又建议他去参加社团活动,或者约同学一起打篮球、跑步,他却说白天的课程已经让他筋疲力尽,提不起精神去运动。我终于明白他的问题所在:"你并不是无事可做,而是你只想打游戏。"

"我能怎么办？我舍友、我同学，人人都靠着玩游戏打发时间，这难道是我一个人的问题吗？"表弟始终不愿意承认沉迷于游戏是他自己的责任，他觉得外界干扰和影响才是罪魁祸首。他没有办法解决，只能消极应对，因此将大学生活过得一塌糊涂。

许多人习惯将不自律的原因归结于他人和外界环境："上课太累了，放学后哪有精力去读书写作？只想看无脑综艺放松一下。""我的体质就是喝水都会胖，就算去健身房锻炼也没用的。"

推卸责任的时候，可能感觉舒服和痛快，但永远无法进步、心智永远无法成熟。趋利避害、逃避责任是人类的天性，但是每个人的人生轨迹，都是由自己主宰的。想要变得自律，必须从敢于承担责任开始。

那些自律到极致的人，都活成了什么样子？

虽然人各有志，选择什么样的生活取决于自己，别人没有权利去干涉，但就像康德所说，假如我们像动物一样，听从欲望，逃避痛苦，我们并不是真的自由，因为我们成了欲望和冲动的奴隶。我们不是在选择，而是在服从。唯有自律使我们与众不同，自律令我们活得更高级。

对于成功者来说，自律已经融入了血液和骨骼，成为身体和灵魂的一部分。他们在自律中超越自我，慢慢成就自我。

并不是说自律一定能带来成功，但是自律的过程一定会让你更加爱自己。

我曾经问过身边考研失败的朋友，是否为曾经自律到极致的那段时光后悔过。

她说，考研的那段日子，是我人生中最美好的时光。现在的我，每当遇到困难想要放弃，我都会想起，自己曾经为了一个目标，可以自律成那种模样。

你最拼命的时候是什么样的？你是否为自己的人生好好地燃过一次？能坚持下去的自律，最终都会成为蜕变的契机。

> 浮舟沧海
> 立马昆仑
>
> 经历苦难时，我们尚且不愿浪费自己；在美好的时光里，我们更该努力成就自己。

隐形"社恐"的纠结

□浅 浅

一日，我妈喜滋滋地告诉我，小区某阿姨跟她夸我："你姑娘挺活泼开朗的。"也许这是她这么多年来第一次听见有人这样评价我。她很惊喜，就像我上初中时一次月考成绩出乎意料地闯进年级前五时一样。当然，那次月考之后，我的成绩又落回原来的位置，让她好不失望。

我回忆起那次遇见某阿姨说了什么。我先夸阿姨的衣服好看，又夸她心态年轻，因为当时看她一个劲儿地展示新衣服，特别想让我夸她。那件事我本来忘了，可是回忆起那天我浮夸的表情和语调，就觉得万分尴尬——那天的我不是真正的我，我真实的性格是活泼开朗的反面。

初中时，我骑车上学。有一天我忽然发现，骑行在我前面的，竟然是我最喜欢的英语老师。我们班是她师范毕业教的第一届学生，我对她的喜欢不像别的学生那样总是簇拥着她，而是默默的。现在是个难得的机会，我多想跟她打个招呼。可是我不敢，只是默默骑车跟在后面。

大学是新的开始，那儿有很多比我更内向、更不善于与人打交道的人，现在看来就是"社恐"了。在食堂麻辣烫的档口，我总是不好意思张口说自己要哪样、不要哪样。人家问我，正常放辣吗？我只点头，不好意思说"多放辣"三个字。每次去餐厅买麻辣烫，室友都会让打饭的阿姨给她多加点菜，我也想要多加点什么，但每次都张不开口，导致两碗麻辣烫一端出来，不用辨认就知道高得冒尖的那碗是室友的。

工作之初，我和各种各样的人打过交道。虽然给人留下的印象总是礼貌周到、办事可靠，但我在内心深处仍旧恐惧社交。有时候我想，那个谈笑风生的人是我吗？当我跟身边的朋友说其实我是个"社恐"时，对方也都难以置信："拉倒吧，你还'社恐'？"对方那种愤愤的神色，好像我在比我胖的人面前说自己胖，在比我年龄大的人面前说自己老一样。所以，隐形"社恐"的纠结只有自己知道。

我在很多事上的原则是，能靠自己就靠自己，绝不麻烦别人。身为路痴，我去陌生的地方，宁可转上半天也不愿意开口问路。在兜兜转转中终于找对地方时，那一刻真是畅快又有成就感，好像终于解开一道困扰自己很久的数学题一样。

坐公交车时，我从来没问过司机站点。如果正巧有跟我同站下车的乘客问司机，这样我就借光知道了。如果某趟车不经过我家站点，我会提前下车，走一站回家。有一次，我眼睁睁地看着公交车左转，错过我家站点，我便在那之后的一站下车，拖着疲惫的身躯走了两站地回家。

同一栋楼的邻居见面总要打个招呼。我尽量不和别人坐一趟电梯。如果前面正好有个邻居，我就慢慢走，约莫对方已经启动了电梯，我再进楼。理发店只要认定一家我就不会轻易换别的店，直到那家店搬去很远的地方或者关店，我才被迫去找下一家。去之前反复在心里默念，不烫头不焗油不办卡不护理不买洗发水，不光是因为我不需要这些，还因为那些社交负担我承受得很辛苦。

对待"社恐"这件事情，我曾经拼命想克服它，甚至进行了"脱敏训练"，强迫自己去改变这种状况，但无甚作用，我依然"社恐"。

《无条件接纳自己》这本书中说，可以评价一件事情本身，而不是因为这一次的成功与失败就评价自己是什么样的人。因为你并不是由一次行为，而是由成千上万次行为决定的，这里面一定有好的行为和不好的行为，也有无关紧要的行为。

"社恐"对我来说，逐渐变得无关紧要。我并没有因此错过什么重要的事。也许错过了，但那些我没有努力去争取的东西，可能也并非我所需要的。

> 浮舟沧海
> 立马昆仑
>
> 坚持把简单的事情做好就是不简单，坚持把平凡的事情做好就是不平凡。

盲 鱼

□晓 月

数月前，我家的鱼缸中竟然爆发了一场"战争"。

当时，我从水族馆买来四尾不同颜色的锦鲤放进鱼缸。很快我就发现，这几尾新来的锦鲤开始欺负老锦鲤，特别是那尾个头较大的红锦鲤，不仅老是追赶噬咬老锦鲤，而且不让老锦鲤吃食，弄得整个鱼缸如战场般"火药味"甚浓。

这场"战争"历经数日才渐渐平息，新老锦鲤才开始和平共处。一尾瘦小些的老红锦鲤被啄瞎了眼睛，成了盲鱼，不过，它却奇迹般地活下来了，倒是那尾最凶悍的新红锦鲤几天后因为抢食过多，消化不良而死。

一下子死伤两尾鱼，损失不小。当时，我觉得盲鱼很难活下去，准备将它处理掉，但它敏捷地东躲西藏，坚决不肯落入我的网袋。我只好收手，看它还能活几天。

几个月过去了，盲鱼竟然还活着，而且越活越自在，越活越有精神。我经过一段时间的仔细观察，发现它找食的方法很特殊。当我将鱼食投入鱼缸，健康鱼目标明确，蜂拥而上，张嘴吞食。盲鱼看不见食物在哪儿，只好张大嘴巴，像拉网一般满鱼缸搜索，它总能找到漂浮在角落的同伴们吃剩的食物。我只要看到它单独找食，就会将颗粒状的食物投到它张开的嘴里，给它开个小灶。吃饱了，盲鱼就跟健康时一样，与其他同伴一同游来游去，还能上浮下沉，而且不会与同伴相撞。看上去，盲鱼仍然可爱，能吃饭能运动，加上主人始终保持鱼缸的清洁，这大概就是它能活下来的原因。

其实，不论是动物、植物、还是人，都有可能遭遇意外而不幸残疾，但遭遇不幸并不意味着就到了末日，只要乐观顽强，就依然有继续幸福生活的能力。

知不足而奋进，望远山而前行。

山羊"顺嘴"就成了消防员

□skin

2023年2月,在智利南部的圣古安娜爆发了一场严重的森林大火,44万公顷的土地被野火吞噬,造成了数十人死亡,数千人受伤;但是,城市里16公顷的公园幸免于难。这是一群山羊的功劳。

这群山羊来自"好山羊"项目,专门用来灭火。它们灭火的方式是吃掉易燃的杂草,建立防火带。这种方法听起来很离谱,但真的有效!

早在1993年,美国加利福尼亚州的拉古纳海滩,就曾利用几百头牛的进食能力来控制灌木丛的生长。2009年,一批消防羊"上岗"了——位于美国科罗拉多州的一家生态服务公司,让山羊在火灾来临之前吃掉易燃的干草。

当时,美国内布拉斯加大学的研究人员还发表过文章《靠山羊阻止或减少火灾,不是开玩笑!》,其中提到了用山羊、奶牛做消防员。进行实验的凯西·沃斯及其团队成员发现,17只山羊只需14天就能清理掉一个大牧场的杂草,建立起防火带,如果之后杂草长出来,让它们继续吃掉就好了。

研究表明,野火频发主要是由于一些"精细燃料",如树叶、树枝和野草,它们较大的表面积和体积比会加快山火蔓延速度,而山羊则刚好以它们为食。

所以,不仅是智利,世界上许多地区都雇用了"羊羊消防员",它们比除草机更安静,对环境更友好,饭量大还不怎么挑食,只要围上合适的围栏,就可以自由行动,啃出一条防火带。

在全球气候变暖、野火频发的当下,这样的需求越来越大。在加利福尼亚州,人们甚至开始为驱赶山羊的农业工人支付更多的加班费,让山羊加班加点地建造防火带。一家牧羊公司的负责人说:"由于气候变化,火灾每年都变得更加严重。没有机器可以代替山羊做这件事。"

> 就算步伐很小,也要步步前进。

外来的和尚会念经

□蔡 钰

你在家或者在工作中肯定有过这样的郁闷时刻：同样一件事，你说了个意见，你家人或老板不当回事；隔了几天，某个外人表达了一模一样的意思，家人或老板马上奉为圭臬，言听计从。你也别郁闷，我猜，你大概率也有过相信外来和尚多过相信自己人的时候。

人们为什么愿意相信"外来和尚会念经"？这是有一定道理的。因为经验告诉人们，从外面来的和尚，会带有外部认知。

你和你的家人、同事，在同一个问题面前是自己人。自己人意味着什么呢？意味着我和你朝夕相处，太同步、太同频了，从常识上，我不相信你有远超于我的见识，尤其是在下对上的时候。

举个例子。假设王富贵和牛斯克的工作都是给莲藕打孔，王富贵还是牛斯克的徒弟。牛斯克看王富贵的时候就会觉得，富贵懂的他都懂，他对富贵没有好奇和向往，也就不会对他有信服之心。

如果王富贵说："莲藕要是先打孔再切片，工作效率可能更高。"牛斯克就心想："闭嘴，你敢欺师灭祖。"而这时候要是从西牛贺洲来了个刘秋香，秋香说："先给莲藕打孔再切片，工作效率会更高。"牛斯克马上会说："学习了，这就改。"

你看，在这个故事里，王富贵和牛斯克，就是"我们"。"我们"这个系统通常认为，系统内的任何部分在静态下，不会给系统带来信息增量。

而刘秋香这个外来和尚相对于"我们"，是"他"。"他"在"我们"这个系统之外，哪怕他在社会地位上比我们低不少，他也等于外部世界的独立人格，他的认知等于信息增量。

这种信息增量的价值有两层，一层是陌生认知本身，也就是"自己人没听过的知识"。另一层是陌生参照系，也就是"自己人已知的知识，在外来和尚的世界里可以多验证一次，增加有效性"。

刘秋香是从西牛贺洲来的，她的意见虽然跟王富贵一样，但牛斯克仍然觉得更有价值。这是因为同样的意见，王富贵只是拍脑袋想出来的，刘秋香却在远方的西牛贺洲多检验了一遍。

这就是为什么哪怕是同样的话，外来和尚说一遍，也比自己人说要更可信。毕竟外来和尚平时所在的外部世界，对"我们"的世界来说就是一个陌生参照系。

《商业参考》举过一个例子，小米公司请来日本的平面设计教父原研哉帮忙改logo。原研哉研究了几个月，把小米的logo从直角改成了圆角，收了200万元。网友们一听气坏了："就这？给我200元就能给你改。"我猜，小米内部的设计师更生气，圆角logo这个方案，当初肯定也是内部设计师给过的备选方案之一。

为什么这么一个不新奇的改动，原研哉就能收200万元？就是因为原研哉读过更多的东西方哲学，见过更多的艺术理念，人家还给MUJI、医院、地铁站、东京奥运会做过各种各样的设计项目。所以小米内部一个20多岁的设计师只能说出"我觉得圆角更好看"，但60多岁的原研哉能说出"我在40年间、19种文化和376个案例当中验证过，你这种情况圆角更适合"。

哪怕外来和尚没有带来增量信息，他也带来了一个增量参照系。他所在的外部世界，有增量参照系价值。

同样，国产大飞机C919在试飞考级的时候，既要到内蒙古的极寒之地去试飞，也要到合肥的雷暴雨环境里去试飞，监管和考试机构才能把它的性能调到最优。这也是把既有认知、既有能力带到不同的参照系里去做交叉验证。

所以，陌生认知和陌生参照系，就是我们要着重寻找的信息增量。

浮舟沧海
立马昆仑

听闻"少年"二字，应与平庸相斥。

观念不同，要和朋友互删吗

□玛雅蓝

"认同××的朋友请互删。"我在朋友圈里刷到了很多类似言论，每次看到时都心里一惊。如果这些信息是某个"点赞之交"发的倒还好，但如果说这句话的是亲近的家人、朋友、伴侣，恐怕就不那么让人好受了。

和亲近的人发生价值观冲突会让人感到，原来自以为熟悉的那个人竟然有这样的一面，原来与"我们"在网上激情对骂的"他们"就在身边。你可能还会感到自己重要的一部分被反驳、否定，甚至很难再信任他们。2019年英国脱欧公投期间，《独立报》进行的一项调查显示，约20人中就有一人因为脱欧与家人争吵甚至断绝关系，约12人中就有一人因此和朋友反目。

要因为价值观分歧而放弃一段重要的关系吗？

实际上，研究证明，社交网络会让人输出更多不理性的信息。人们天然倾向于关注那些会引发恐惧、愤怒、悲伤等消极情绪的信息，这样的倾向刻在我们的本能当中，因为避免危险对生存至关重要。此外，隔着网络，信息本身也容易被曲解。所以，当你在社交媒体上看到亲朋好友发表了迷惑言论，请记住：这时候你无法判断他真实的情绪状态，你看到的只是人类复杂情绪瞬间的一个切片。

人的选择在很大程度上受到情境的影响，一个人在网络上讨论某个抽象概念的时候这么说，不代表他真的是这么想，更不代表他在实际面临这个问题的时候也会这么做。那些令人血压升高的言论，有很多可能只是跟风发言。

那么，遇见意见不同的亲友，该怎么做呢？

首先，不要试图在观点矛盾的问题上说服对方，更不要攻击对方，否则很可能"赢了吵架，输了关系"。

我们每个人都是自身经历的产物。在这个意义上，否定一个人的观念，可能意味着否认他的经历、感受和生活方式。承认自己的感受、坚守自己的立场，同时承认别人也是独立的个体，他们的想法可能与你不同。在这个基础上，我们才能更多地关注彼此的共同点和联系。如果可以在友好的氛围下讨论，你们可以展开聊聊自己的观点，或许最终会找到一些共通之处，哪怕最终结论是"我们都同意我们无法达成共识"，也是达成了一种新的共识。

当然，你也可以先放下分歧，更多地关注你们之间的共同点。如果你感到谈话开始变得不友好，让你感到不舒服，可以借助非暴力沟通的方式，以不冒犯对方的形式表达自己的需求，比如转移话题。这是心理学家马歇尔·卢森堡提出的一套沟通方法，它包含四个要素：

观察：不带评判地描述对方的行为。感受：觉察他的行为使你产生了怎样的感受，将其表达出来。需要：表达自己的情感诉求。请求：告诉对方你希望他做什么。

例如，你可以这么说："我发现我们一聊这个话题就会吵起来（观察），这让我感到很难过（感受）。我希望和你一起度过的时光是快乐的（需要），我们可以谈点别的吗（请求）？"

总而言之，既然对方是你重要的人，你们一定分享了某些共同的东西，比如共同的经历，共同的兴趣，或者在其他话题上的一致意见。因为亲近之人的存在，我们感到回忆有了备份，未来有所期待；奶茶第二杯半价有人同享，深夜回家时有人留一盏灯。虽然互联网为我们展现了更广阔的世界，但陪伴我们体验美好或穿越风浪的，终归还是一个个具体的人。如陀思妥耶夫斯基说的那样，爱具体的人。

> 我从不担心我努力了不优秀，只担心优秀的人都比我更努力。

恭喜，你终于失恋了

□詹 蒙

我母亲叫直子，却给我取了一个非常时尚的名字——安娜。我与母亲像朋友，她对我的烦恼总有办法。

可那一次，我真的觉得"没办法"了，因为我失恋了。

在我13岁的时候，我第一次经历失恋的痛苦。我向牧野君表达了爱慕之意后，他冷冷地对我说："谢谢你的感情，我很高兴，但我没有那个意思，对不起。"多么冷漠的外交辞令！那一刻，我恨不得找一个地缝钻进去。从那以后的几天里，我一直恍恍惚惚。

一天在早餐桌上，妈妈"直子女士"开始在我面前打着哑语手势——对付心不在焉的我，我没反应。这一下，直子女士意识到了问题的严重性，低下声音说："嗨，不是失恋了吧？"

"失恋"一词忽然惊醒了我。我瞪着眼问她："你怎么知道？"妈妈先是惊奇地瞪大了眼睛，然后笑了起来，露出一口漂亮的牙齿，说道："祝贺你，我的宝贝，你终于失恋了！"

我简直不敢相信自己的耳朵！天底下竟有这样的母亲，女儿失恋，她还要道喜！"好吧，今天我们好好聊聊。"

在一家咖啡馆坐下，妈妈为我叫了一杯奶咖啡。我沮丧地低着头，提不起精神。我说："我觉得自己真是个没有魅力、笨极了的女孩。"妈妈说："那好，你把自己的缺点都说出来吧。"我说："我的牙齿稀疏、不整齐。"妈妈说："我们可以帮你矫正。"我说："我很笨，竟然看不出那个男孩不喜欢我。"妈妈说："那个男孩才笨，竟然把这么一块珍宝放弃了。"

妈妈最后对我说："安娜，初恋是最美的，然而也有苦涩。将来有很多事情你会忘记，但这件事你将永远不会忘记。这是你第一次面对挫折，是一次难得的成长机会。我祝贺你，就是出于这个原因。"一股暖流涌遍了我的全身。

我问妈妈："你也失恋过吗？"

她大笑说："那当然。"

我问她当时的感觉，她说，就像天塌了一样，她趴在被子里哭得天昏地暗。后来，外祖母到了她的房间，打开窗子，对她喊道："直子！我们给你取名直子，就是希望你无论遇到什么事都擦干眼泪向前走。"

几天过后，妈妈开车来接我，把我拉到了横滨五子饭店。她对大厅里弹着钢琴的女孩耳语了几句，那女孩笑着停了下来，对我说："请吧。"我咬着嘴唇，红着脸，坐在了钢琴前。

我忘记了时间，完全沉浸在了钢琴天才肖邦与乔治·桑失恋的创痛里，当我停下来的时候母亲带头为我鼓掌，然后大厅里的人都受到母亲的感染，为我热烈鼓掌喝彩。我感受到了一股从未有过的胜利的喜悦。

再次见到牧野君的时候，我向他点了点头。当他走过我身边的时候，我的心稍稍地刺痛了一下，但我承受住了那种疼痛，感觉那种疼痛里还有一点儿甜。我知道，那是妈妈说的，青春的感觉，是的，千真万确。

> 人生中有两场最艰难的考验：等待时机到来的耐心和面对一切际遇的勇气。

概率是为谁准备的

□张 勇

孤悬于南太平洋深处的圣查理岛，与世隔绝，蜗牛是这里唯一的"常住居民"。蜗牛没有翅膀，更不会游泳，依靠自身力量根本无法来到圣查理岛。令人惊讶的是，蜗牛到达此地正是拜飞鸟所赐。

原来，飞鸟进食靠吞，又因无力啄破蜗牛壳，所以只能将整只蜗牛囫囵吞下。飞鸟胃里一团漆黑，充斥着胃酸，许多蜗牛扛不住，葬身在消化液里。但仍有少数蜗牛蜷缩在壳里，任凭肠胃如何挤压、腐蚀，始终将壳闭得紧紧的。最后，大约有15%的蜗牛能够熬出头，随着鸟粪排出体外，掉到地面上，活了下来，扩散到包括圣查理岛在内的世界各个角落，成了最成功的动物之一。

15%，听起来是一个很低的存活率，但就是这15%让蜗牛遍布世界，因为它就是为优胜者准备的。

现在有一笔营销业务，它的失败率为99%，你会去做它吗？你会说："当然不会，因为它的成功率太低了，几乎为零，做了也是白做。"假如你把这笔失败率99%的业务，坚持做100次，情况会怎么样呢？你开始算起来：失败率99%的业务，坚持做100次后，这笔业务的失败率就是99%的100次方，即37%，那么它的成功率就是100%减去37%，即63%。你不由得惊讶起来，一件失败率为99%的事，坚持做100次后，它的成功率竟是63%。

我们在做任何一件事的时候，都有成功的概率，最重要的是要懂得这概率是为什么人准备的。

坚持，就是任何事乘以365。

第六辑

未来跃入人海，
也要做一朵奔腾的浪花

都听网友的，生活会变成什么样

□佚 名

你可能想不到，我们现在可以在多大程度上依靠其他人做决定。

比方说，买哪件衣服才好看，对方这么做是不是该分手，哪个型号的电脑比较耐用，毕业了是考研、考公、出国还是进大厂——种种问题放到网上，都会有好心人替你解答。

也就是说，现在要从其他人那里获得大小难题的解法，可能比以往任何时候都更容易了。很难向对象、爸妈开口的丑事，网上搜不到答案的私事，以及不好意思麻烦朋友的小事，现在都能询问陌生人。

比如，豆瓣上一个叫作"请帮我做选择！"的小组，就聚集着40万组员，这些人似乎真情实意地把一部分选择权交给了网友。

最常见的问题是"工作"，诸如"聘书"选哪个、"公司"选哪家……全都是你我在人生关卡可能面对的大难题。读书升学也制造了一大堆问题，这种时候，踩着网友的肩看看，也许就能看到别人看不到的捷径。选哪所学校，读哪个专业，该不该考研以及去哪个城市，每个真诚发问的学子，都等待着一位热心肠的网友老师前来指点迷津。

当然，除了这些严肃的人生抉择，一件商品好看与否、选什么颜色，也是组里最喜闻乐见的问题。在这些帖子下的踊跃发言中，你能一窥当今互联网审美及消费观发展到了哪一步。对有审美障碍的人来说，要把形象提到及格线以上，最快的方式就是请广大网友把关。

但如果人生中每一个决定，都交给陌生人来完成，会变成什么样？

你的生活大概是这样的——人生选择上，网友很可能会建议你：文理分科选什么？理科！大学择校看专业还是学校？除非要做医生、律师，否则优先选择"985""211"！一件东西要不要买？好看，但不值这个价；便宜，但不好看；好用，但你不会用的。所以大概率，不要买！租房选通勤短20分钟的，还是便宜一点的？无脑选近的！

这种生活，我们可以称为"当代互联网对于生活的标准答案"。

康奈尔大学的研究则发现，一个人每天单在食物上就要做出226.7个决定。于是有一种说法认为，当代人每天做的决定数量之多，是人类前所未遇的，但显然并不是每个人都做好了准备。

这种"选择越多越选不出来"的当代疲惫，被称为"决策疲劳"。即使掌握了足够多能搜到的信息、经历过漫长的纠结之后，人们依然无法决策，希望再次获得陌生人的分析、劝说。

实际上，社交平台的选择并不保证管用。尤其对大事而言，很多问答都遵循这样一种模式：当事人给出一段简化的前情提要，网友给出更简短的指令，而这些指令大多非常果决——虽然给出建议的人未必真的有经验，但不妨碍提问者从这些理性回答中获得勇气。

提问的人追求理性建议，建议的人通过理性分析获得快感，双方都在某种程度上完成了自我的理想化：成为一个现代的、理性的、不被情绪和跟风支配的成年人。

芳华待灼 砥砺深耕

如果种子缺少破土而出并与风雪拼搏的勇气，那它的前途并不比落叶美妙一分。

上瘾的自律还是自律吗

□黄锴骥

如今,做一个自律的人已经不够上进了,我有些朋友正在越过自律,追求"自律成瘾"。年轻人总是习惯声称自己有病。10年前的年轻人喜欢管自己叫"路痴""吃货"——前者有个"痴",后者是个"货"。5年前,年轻人喜欢声称自己有"症",拖延症、强迫症、选择困难症。如今他们又说自己有"瘾"——自律成瘾。

自律,指的是在没有人监督的情况下下,主动地遵守规则、约束自我,不受外界约束和情感支配。这也正应了某运动App那句火遍大江南北的口号——自律给我自由。选择自律,正是因为不想被束缚。而瘾,比如烟瘾、酒瘾,向来是专门束缚人、驱使人、让人情不自禁,从而越发不自由的"习惯"。所以我特好奇,发明"自律成瘾"这个词的朋友,究竟是想自由呢,还是不想自由?究竟是想成为君子呢,还是想成为"瘾君子"?

不过仔细想来,"自律成瘾"这样的词走红,也情有可原。一旦成瘾了,自律这事儿好像就不需要再依靠意志力、不再需要不断咬牙坚持,仿佛一劳永逸一般,从此修成正果,再也无须为自律发愁了。不劳而获从古至今都有市场,只不过如今它披了身皮罢了。

我有个朋友,每天在朋友圈打卡学雅思。开始学习时发条朋友圈,晒自己文具摆得一丝不苟的课桌,中午转发一篇类似《越努力,越幸运》的文章,傍晚再发一条今日战绩。就这么坚持了大半年,可雅思成绩没见什么起色。

后来有幸和他一起自习,我才发现他的学习全是自律,却没有方法。就好像有些人唱歌,全是感情,没有技巧。比如,虽然他背起单词来特别努力,却不注重"温故知新",一边背一边忘。直到最后,时间和精力花出去了，收效却很有限。再比如，明明是青铜选手的水平，却要和王者级别的高手做同一套题。结果不出意料，尽管他屡败屡战，但也屡战屡败，到最后虽然练就了一颗不怕打击的强心脏，可分数纹丝不动。

自律并不是救命稻草，它只是一种通往成功的方法。以为只要自律便可以一往无前，这何尝不是一种思考的怠惰呢？

另一个朋友，为了自律试遍了各种方法，付费自习室、付费自律App、加入线上视频会议打卡小组，每天开着摄像头进行"陪伴式学习"。一段时间后，钱和精力是花出去了，但收效甚微。后来，决定开始健身的他，又花钱聘请了"网络监督师"。通过他我才知道，自律成瘾居然还催生了这么一个职业。只可惜，结果还是没有成功。有时我也分不清他是自律成瘾，还是表演成瘾。

我还有个朋友，如今是手账界的"意见领袖"。她为什么做手账呢？一开始，是为了把自己每天的"自律"成果画下来，发朋友圈。几个月下来，自律效果被抛诸脑后，她倒是对手账越来越着迷了，简直到了"读书半点钟、手账两小时"的地步。我问她为什么这么干，她回我说，学习半小时已足够痛苦，而画手账让她感到解压和快乐。回过头来看，让她成为手账达人的，是自律吗？当然不是，是专注与热爱。

要我说，就别把自律当成人生唯一的解药了吧。自律不是目的，它只是一个办法，把办法当目的，最后结局就很有可能是努力努力、白努力呀！

芳华待灼
砥砺深耕

我们要有屡败屡战的勇气和青春永恒的冲动。青春，需要我们大步奔跑！

"以卑说卑"与"以愚应智"

□王厚明

孔子游历六国时,有一次他的马脱缰而逃,吃了一个农夫种的庄稼,这个农夫非常生气,把马扣留了。孔子派他的得意门生子贡去和农夫说情。学识渊博的子贡滔滔不绝地对农夫说了一通大道理,也说了不少好话,但农夫还是不肯把马还给他。于是孔子把马圉(养马人)派去,马圉对农夫说:"你从未离家到东海边去耕种,我们也不曾去西边旅行,但两地的庄稼长得一模一样,马儿怎么知道那是你的庄稼,它不能吃呢?"农夫听了觉得有道理,心甘情愿地把马还给了马圉。

物以类聚,人以群分。沟通也是一样,子贡学问很好,但是农夫不吃他"之乎者也"那一套,因为他们两人的学识、修养相差太远,彼此早已心存距离;同时农夫也根本听不懂,接受不了文绉绉的表达。而孔子的马圉和农夫一样都是底层百姓,并没有多少文化,却更容易相互理解和交流。正如孔子对子贡所说的"夫以人之所不能听说人,譬以太牢享野兽,以《九韶》乐飞鸟也",用别人听不懂的道理去说服他,就好比用礼仪请野兽享用祭祀的牛羊猪,请飞鸟聆听《九韶》般优美的音乐一样,犹如对牛弹琴,当然也就不会有什么好效果。这也启示我们,沟通要分清对象,区隔身份,尤其要放下身段,多说接地气的话少说书面的话,多讲大白话少讲冠冕堂皇的话,多讲"普通话"少摆谱打官腔,就能同频共振,找到共同语言。

宋朝初年,南唐广陵人徐铉、徐锴和他们的父亲徐延休号称"三徐",以知识渊博而闻名于宋朝,其中尤以徐铉的声望最高。一次,南唐派遣徐铉为使者前来宋朝纳贡,按惯例朝廷要派押伴使陪伴左右。满朝文武大臣都思虑自己的才华不及徐铉而生怕自己被选作押伴使,宰相范质也觉得选押伴使的事很难办,就向宋太祖赵匡胤请示。宋太祖说:"你暂且退下,朕亲自来选押伴使。"

不一会儿，太监传旨给殿前司，要他报上十名不识字的殿前侍卫的名单，宋太祖看后，御笔点中其中一个，说："此人即可。"满朝文武大臣都大吃一惊，中书省官员也不敢再询问皇帝，只好催促被点之人立刻动身。这名被御笔点中的殿前侍卫不知何故派他做使臣，又得不到任何解释，只好渡江前往。

徐铉和殿前侍卫登船渡江后，起初徐铉慷慨激昂，侃侃而谈，旁观的人为他的能言善辩、才华横溢而惊讶折服。而那个侍卫无言以答，只能不住地点头应着，徐铉没有察觉，依然喋喋不休地与那个侍卫高谈阔论。一连几天，因得不到回应，徐铉自感无趣也就沉默不语了。

一边是目不识丁的侍卫，一边是知识渊博的徐铉，两人注定没有共同话题，不可能产生共鸣，侍卫也肯定争辩不过徐铉，明显无法沟通的一对组合安排，如何能陪好客人呢？但赵匡胤的安排显然不是为了陪好善辩的徐铉，他另辟蹊径，让侍卫以沉默应对雄辩，让徐铉的才华没有发挥之地，达到了"以愚应智"不战而屈人之兵的效果，不失为一种高明之举。

"夏虫不可语冰，井蛙不可语海。"现实生活中，我们不仅会遇到夸夸其谈、恃才傲物之辈，也会碰见强词夺理、胡搅蛮缠之流，如果与这些不在一个频道的人一般见识，只能是自降格局和层次。有的时候，并不能陷于"话不说不清，理越辩越明"的语境，不妨保持沉默，只和君子论高低，不和小人争对错，则是一种最好的应对之策。

《论语》中说："道不同，不相为谋；志不同，不相为友。"不同的人，可能来自不同的生活环境和文化背景，气质修养和价值观念迥异，这决定了他们看待事物的出发点。

只管耕耘，不问收获，因为播种和收获往往不在同一个季节！

留点"小懒"

□郭华悦

这里说的"小懒",不同于懒惰、"躺平"、无所事事那种大懒,它是适度的、恰到好处的,是人生这幅画卷里的留白。

与人处,留点"小懒"。别人的事,你管头管脚,样样都想插一手,这样的相处模式惹人生厌。容他人藏点隐私,让他人自我管理,给彼此留点空间,这样的"小懒",让人感到轻松自如。

与人言,留点"小懒"。话不要说太满,谦逊为主调。意有未尽之处,于人于己都是余地。留有这样的余地,日后才好转圜。留一线,好相见。

言语中的"小懒",还在于倾听。话不说满,这满是话意,也是话频。一味照着自己的频率说,不顾对方的感受,也不理会对方的想法,这种沟通比无言的尴尬更让人难受。说话也不能太频,带着点"小懒",关注对方的心思,给对方表达的机会,这才是两相宜的沟通方式。

一个人独处,要留点"小懒"。再忙碌,也要想方设法抽出一些时间,自己一个人静静,一本书、一盏茶、一段音乐……静享闲暇之乐,释放心中的压力。紧绷与"小懒"是劳与逸之分,懂得劳逸结合,人生的路才能走得更远更长久。

养儿育女,同样需要留点"小懒"。太能干还样样大包大揽的父母,可能会养出依赖严重、喜欢大懒的儿女。事无巨细都替儿女安排了,儿女得不到应有的锻炼,久而久之,依赖的习惯可能就变成了本性。父母适度"示弱",留些"小懒",让儿女多些发挥的机会,学会自立自强,一生受益。

人生要懂张弛有度,一路奔跑之余,总得留有一些休憩的间隙。这样的"小懒",是人生的余味,要适度,如春日的阳光,不多不少刚刚好。这考验的,是人生的智慧。

山不让尘,川不辞盈。

示弱，而后强大

□译/赵 萍

人有一个共性，那就是当看到别人陷于困境时，都会忍不住拉一把，哪怕最终得不到任何回报。

这确实是人类心理的真实状况，心理学上称之为"败犬效应"，表现的是一种想对处于不利境况中的人伸出援助之手的心理状态。有一项实验数据可以证明这一点。

哈佛大学的尼尔·巴哈利亚博士虚构了两家公司，并将这两家公司的情况介绍给181名学生：A公司，员工有很高的工作热情，但业绩不佳；B公司，虽然员工在经营方面不做任何努力，但业绩很好。博士假设这两家公司是销售洗涤剂、夹克衫、车灯等商品的公司，并排除顾客因商品差异而做出抉择的情况。在此基础上，他要求学生们就购买哪家公司的商品，进行选择。结果，选择A公司的学生多于选择B公司的学生，败犬效应在这里得到了体现。假如你不幸沦为"失败者"，也不要轻言放弃。自怨自艾或消沉萎靡都于事无补。但只要你不懈拼搏，让周围的人看到你的努力，你便有可能得到他人的帮助。

通过展示你的"弱小"而博得同情，也能使你的期待得到满足。当然，你需要了解对方的心理，掌握能博得对方同情的条件，否则只会适得其反。而一旦你成功地通过"示弱"获得帮助，那么，你已经胜利了一半。

得进一寸进一寸，得进一尺进一尺，不断积累，飞跃必来，突破随之。

挫折的有效期

□游 游

中国的传统文化特别强调贫苦、磨难、挫折等对人生的意义。有两句家喻户晓的名言，可以给这个观点做个佐证，一是"宝剑锋从磨砺出，梅花香自苦寒来"，二是"自古雄才多磨难，从来纨绔少伟男"。

磨难、挫折可不可以起到励志作用？答案是肯定的。磨难、挫折使人的生活陷入某种困境，而人又是一种天生相信自己能力的高等生灵，这就决定了我们陷入苦境时会想法搏上一搏。区别只是有的人多失败几次，就不敢搏了；有的人失败再多次，也永不放弃，结果还真在一定程度上迎来了柳暗花明。苏轼的诗文，是一等一的好，流传千古，但苏轼的人生很坎坷，由京官降为地方官，官越做越小，为官之地越来越偏远。只是苏轼从不以官位高低为念，只求为百姓做些实事。贬谪黄州时，他积德行善，救助被遗弃的小孩，深孚民望。流放海南时，他积极兴办学堂，用心讲学，极大地提高了儋州的教育质量。儋州这个地方历史上从未有人在科场获取过成功，但在苏轼的引领下，当地风气大变，苏轼北还不久，此处的姜唐佐就举乡贡。换句话说，挫折没有打败苏轼，反而使他更加辉煌。

不过，仔细观察一下，我们又会发现：挫折对一个人事业的作用其实非常有限，切不可将其绝对化。认识一位画画的朋友，性格有些孤傲，跟圈子里的人合不来。别人画的画明显不如他，在当地美术协会，至少也能做个常务理事，他却连个理事也不是。朋友倍有挫折感，在一段时间里三更灯火五更鸡地阅读、观摩、创作，功夫不负有心人，短短几年时间，他就在省内外举办了五六次画展，报刊上也经常有介绍他的文章，后来他还成了国家级美术协会会员，只是此后，朋友便满足于酒足饭饱、被人吹捧的生活。二十来年过去，他画的画再无长进。

认真想来，挫折对人生的意义无非两点：一是激发个人意气，二是提醒自尊。个人意气这种东西，总是梦想和挫折两者冲突之初则强、中则弱、终则无。假若在个人意气开始弱化的时候，不懂得加入别的动力元素，你对某项事业的兴趣就会变淡，探索的力度就会减弱，成就也会越来越小。自尊的被满足也不难。一般说来，你的成绩达到你职业领域的某种平均水平，你就不太可能遭到别人的轻视。比如一个作家想得到圈子里的认同，只需发表、出版与获得的声名相符合的作品即可。但如果一个人的目标止于此，小胜之后便可能松懈。

想做好自己认准的事业，最长久的动力应该是发自内心的爱好与不懈的坚守。因为爱好，你才肯长久地吃别人不敢吃的苦，才愿意在摔倒之后一次次站起来；因为不懈坚守，你在获得了阶段性的成功之后才会去思考，从而追逐更高、更长远的目标，才不会给自己的远行设置人为的终点。有人说"做小事凭意气，成大事靠眼光"，说的就是这个道理。

生活告诉我们，挫折这笔财富永远有"有效期"，经不起一个人长年累月的消费。

如果可恨的挫折使你尝到苦果，朋友，奋起必将让你尝到人生的欢乐。

把一条路走到天亮

□青青子衿

她,一个"80后"女孩,既没有显赫的家庭背景,又没有雄厚的资金帮衬,却同时经营着7家公司,身家高达3.7亿元。是什么让她创造出如此傲人的奇迹呢?

1987年,她出生在一个警察家庭,可从小就体弱多病。为了强身健体,6岁的她开始练习武术。让父母没有想到的是,她竟然狂热地喜欢上了这个运动项目。9岁那年,不顾父母的反对,她毅然赴少林寺学艺。

武校的训练非常辛苦,一整天高强度训练下来,脚已经磨烂了,血流出来,使破皮的肉和袜子粘在一起……尽管这样,她从来没喊过疼喊过累,因为这是她自己选择的。她知道在同学中她是最弱的,但也是最强的,第一个起床晨练的是她,最后一个离开场地的还是她,有时甚至累得吐血。被她罕见的任性、悟性和吃苦的精神所打动,教练开始偏心眼、开小灶,不厌其烦、一招一式地对她重点培养。10岁那年,她不仅不生病了,还获得了全国武术冠军。11岁那年,她被特招到青海公安厅,当了一名通信女兵。这与她进入特警队的梦想相去甚远,为了不荒废自己的武艺,她每天到公安厅办公楼的顶层习武,正巧厅长的办公室对着这里,于是她被推荐参加全国武警大比武选拔赛,结果她一路过关斩将,从几千名参赛选手中脱颖而出,被破格选入中国女子特警队。

然而怀着一颗当"霸王花"之心的她,却被队长分到了后勤班,任务是每天给猪洗澡。她简直不能接受,一有时间,她就跑去看队友训练。这一看,她发现自己的战术、军事等能力确实不如人。她服气了,但不服输是她的性格,于是她每天白天照常工作,晚上趁别人熟睡的时候,偷偷地去训练场独自训练。后来在半夜的一次紧急集合时,队长发现了正在独自夜训的她,被她的精神所打动,特许她参加当夜战队分队的10公里越野跑。最终,她顺利地进入了战队分队的候补班。之后，凭借抓捕、抗洪救灾等几次特殊任务的出色完成，她终于得到了队长的认可，成了中国女子特警队里最小的"霸王花"。

退伍后，天生倔强的她选择了做"北漂"，欲进军歌坛，但频频受挫。

她17岁时，父亲组建了一家保安公司，让她任执行教练之职，她欣然领命，重新回到了自己熟悉而擅长的领域。

18岁那年，她决定打造一支自己的精锐保安队伍。在一些战友的支持下，她筹资100万元注册成立了济宁精锐保安技术服务有限公司，成为保安行业内最年轻的女性创始人。作为总教练的她，每天都准时来到训练场，对保安人员进行严格训练，列队、散打、武术、文化，样样不落。虽然训练十分辛苦，可是功夫不负有心人，她带出的保安凭借着扎实的功底和过硬的素质，赢得了用人单位的广泛好评。她的保安服务公司也逐渐声名远扬，济宁当地的许多公司都上门要人。很快，保安服务公司迅速发展到2000余人，服务中国百强企业、世界500强企业30余家。

19岁的她又先后创建了山东精锐物业公司、管理咨询公司、传媒公司、车载音乐公司等7家公司；20岁时投资建设2700亩生态园；22岁时成立王者品牌；23岁时创建王者珠宝国际连锁企业集团，直营连锁店、专柜87家；25岁时进行公益演讲500场；26岁时成立由她的名字命名的国际教育训练机构，把她自己十几年来的经历，尤其是在特警队军事训练的方法，融入商战，帮助更多人走向成功。她就是田云娴，王者成功训练系统创始人。有人向她请教成功的捷径，她说："所谓成功的捷径，就是最大化地发挥自己的长处。我只是从事了我一直都很熟悉的领域，一直都在做自己喜欢的事情而已。"

池莉说："人生可做的事情很多，但世上不知有多少聪明人，一生都没有做好一件事。"把一条路一直走到天亮，看起来有些执拗和单纯，但常常是成功的捷径。

没有绝对正确的选择，我们只需要努力奋斗，让当初的选择变得正确。

换个角度，也许就能发挥价值

□袁则明

英国的斯坦福书店在斯坦福二世时，已然成了伦敦最大的出版商和销售商。没承想，后来在战争中遭遇了火灾。所幸，那些堆积如山的地图由于特殊的包装，竟然阻隔了火势的蔓延，使书店免遭一劫，只是书店依然损失很大，尤其是很多地图的边角都被烧焦了。

斯坦福二世很快将书店翻修一新，恢复正常营业，只是那些边角烧焦的地图，他既舍不得扔掉，又不好拿出来卖。最后，他在书店拐角设了一个柜台，专卖这些烧焦的地图，价格自然十分便宜。

然而，几年下来，这些地图并没有卖出去多少。家人和职工都很不理解，都认为这些地图既占用了地方，又需要进行维护，实在是多此一举。

斯坦福二世一直坚持卖了十多年，随着生活水平的提高，光顾这个烧焦地图柜台的人越来越少。万般无奈的情况下，他不得不将这些地图当作垃圾处理。正在准备拉走时，斯坦福二世的一个小孙女来了，她摸了摸地图说："爷爷，给我留下几张地图吧，我想留作纪念。"

斯坦福二世听后脑洞大开，立刻令人将地图从车上卸了下来。他重新将这些烧焦的地图放回原来的柜台，只是在柜台的醒目位置贴了两张纸，一张写上"战争纪念"，另一张写了这些烧焦地图的相关说明。

只因换了一种方式，这些烧焦地图的性质立即发生了变化，价格也翻了几番，而来买地图的人也骤然增多了。就这样，积压了多年的地图，在短短的几个月内销售一空，而且让书店赚了更多的钱。

其实，每个人都像烧焦的地图一样独一无二。如果你也常常抱怨自己没有一个合适的位置，不如换一种思维方式，发挥自己的优势，这样就有可能找到人生的最佳位置，实现人生的价值。

> 芳华待灼
> 砥砺深耕

行动是治愈恐惧的良药，而犹豫、拖延将不断滋养恐惧。

开在伤痕上的花朵

□鲍海英

西伯利亚生活着一种奇特的驼鹿,其腹部布满不规则的花纹,看上去就像纹上去的花朵,非常好看。因为它们在丛林和寒冷中的生存能力特别强,当地人管它们叫"寒冷的勇士"。

一个偶然的机会,几个猎手遇到了一只受伤的母驼鹿。他们将它带回村里圈养起来。次年春天,伤势痊愈的母驼鹿生下一窝鹿崽。猎人们发现,那些可爱的鹿崽的腹部并没有花纹。原来,这驼鹿腹部的花纹不是天生的。

鹿崽渐渐长大,可是,花纹还是没有出现。猎人们越发好奇,就更加关注起来。等了四年,这些鹿崽渐渐长大,却依然没有看到花纹,猎人们百思不得其解。这一怪事引起了动物学家的好奇。经过跟踪研究,他们终于发现了这种带花纹的驼鹿的一个惊人的习性:每年秋季来临,母鹿都会带领小鹿到一个荆棘丛生的地方,然后群鹿依次跳跃着穿越大片荆棘丛。因为幼鹿个子矮,所以每只小鹿的腹部都被划出一道道渗血的伤痕。因为受了伤,小鹿觅食时即使已经吃得够饱,也不能躺下休息,那样会刺痛伤口,所以它们一直站着吃草。这样拼命进食的好处是,在极寒的西伯利亚冬天来临之前,每只小鹿都储存了足够御寒的营养和能量。一只驼鹿需要经历三个被荆棘刺伤的秋季,直到它成年。而那些美丽的花纹,其实就是这些伤痕的印记。

由此,动物学家明白了在西伯利亚山林里,每年冬天因体弱而冻死的各种动物中,为什么唯独没有这种带花纹的驼鹿,原来这都和小鹿在成长中遇到的磨难有关,它们在磨难中变得无比坚强。

其实,人和小鹿遭遇的环境极其相似,当苦难来临,心存胆怯地回避,很可能是致命的。与其回避,不如勇敢地去面对。只有当你忍受了伤口的疼痛,伤痕上才有可能开出漂亮的花朵。

只要不放弃努力和追求,小草也有点缀春天的价值。

谨防"最后的懈怠"

□胡建新

1944年，英国第三空军大队总司令鲍德温发布命令，要求对所有参加空中作战的战机，特别是部分坠毁战机，进行详细的调查统计。一个星期后，鲍德温收到报告，发现了一个令人震惊的结果：导致飞机坠毁最主要的原因，既不是敌人的猛烈炮火，也不是大自然的恶劣天气，而是飞行员的失误操作；事故发生最频繁的时段，既不是在激烈交火中，也不是在紧急撤退时，而是在完成任务归来着陆的前几分钟。

鲍德温经过分析发现，原来飞行员在战场上精神高度集中，反而不容易出纰漏。可在凯旋返航途中，他们的精神越来越放松，情绪越来越懈怠，当终于看到熟悉的基地、越来越近的跑道时，顿时产生一种没有任何戒备的安全感。然而，恰恰就是这一瞬间的放松和懈怠，酿成了大祸。鲍德温最后总结说："我们的失败往往不是在最困难的时候，而是在精神最放松的时候。离成功越近，越要提高警惕。"

鲍德温是对的。最后的懈怠往往是致命的懈怠，而这种懈怠又常常是在自然而然、不知不觉中产生的。一个人或一个群体在从事紧张危险工作和执行急难险重任务时，一般都会最大限度地调动全身的力量，专心致志地把事情做好甚至做到极致，这既是规避各种风险的主观意志使然，也是精神高度紧张而根本没有懈怠机会的客观环境使然。然而，当战胜危险、完成任务使精神松弛下来后，懈怠往往随之产生，而由懈怠酿成的危险也会悄然降临。因此，灾难常常源于"最后的懈怠"。

从人的生理状态看，精神紧张并不全是坏事。医学心理学认为，人的精神紧张一般可以分为弱的、适度的和强的三种状态。当一个人保持紧张的工作和生活节奏时，心脏就会通过加强收缩排出更多血液，使血管的舒缩功能随之改善，从而降低心血管疾病的发生概率。有专家做过一项专题研究，发现适度紧张忙碌的人，通常要比经常处于精神松弛状态的人长寿29%左右。由此得出一个结论：人若能妥善处理工作和生活中的紧张状态，不仅不会危害健康，反而可以促进健康。

从人们的生活经验看，适度的精神紧张，有利于培育大脑的兴奋因子，提高大脑应对客观环境的活动功能，从而使人思维迅捷、反应灵敏、精力充沛乃至力气大增。面对景阳冈上那只吊睛白额、穷凶极恶的老虎，武松使出浑身解数，先是躲过老虎的一扑、一跃、一扫尾，再用尽力气打断手中的哨棒，然后乘势骑在老虎身上用拳猛击，最终将老虎生生地打死了。可他打死老虎后，却连拽动死老虎的力气也没有了。这也正好旁证了一句俗话：毛毛细雨湿衣裳。为什么毛毛细雨会湿衣裳？就是因为轻视、懈怠，总以为毛毛细雨无关紧要，淋之任之，结果在不知不觉中被弄湿了衣服。而当瓢泼大雨来临时，人们却会如临大敌般地采取各种躲避和遮挡措施而使自己安然无恙。

现代社会中，人们的生活节奏越来越快，"精神紧张"似乎成了大多数人的切身感受。为了实现对美好生活的向往，我们不必瞄准过高的事业目标和生活标准，使自己整日处于追求高成就、高事业和高质量生活的紧张状态；但也不能整天嘻嘻哈哈、碌碌无为，让松弛和懈怠毁掉了本该拥有的辉煌成就和美好生活；更不能因为有了一时的成功和满足而故步自封、松懈慵懒起来，让"最后的懈怠"毁掉了已经取得的辉煌和美好。

芳华特灼 砥砺深耕　　不要嘲笑铁树。为了开一次花，它付出了比别的树种更长久的"努力"。

策划逃跑的羊

□乔凯凯

一只老猎狗奉了主人的命令,负责看守一群羊。夜里,羊儿们开始议论:这里闷死了,一点都不舒服,还是草原上自由自在!

有一只羊说:"要不,我们一起逃出去吧!猎狗虽然凶猛,但我们数量庞大,如果一起跑出去,猎狗不一定抵挡得住。"

小猎狗碰巧听到,它连忙回去叫醒老猎狗:"快醒醒!羊儿们打算逃跑呢!"

"不用管,"老猎狗漫不经心地说,"它们不会逃跑的。"

小猎狗不信,又竖起耳朵听着羊儿们的动静。

一只羊说:"那么,谁先带头冲出去呢?"

"这个……需要好好商讨一下,毕竟猎狗的牙齿真的很锋利……"羊群里传来回答。

接下来,羊群陷入了无休止的讨论中。慢慢地,讨论声越来越小、越来越弱,最后,没有了声音……所有的羊儿都睡着了。

第二天,小猎狗疑惑地问老猎狗:"为什么羊儿们说得那么热烈,甚至想出了各种方法,最终却没有任何行动?"

"很简单,"老猎狗自信地说,"因为说话不需要承受代价,而行动需要承受代价。"

把困难举在头上,它就是灭顶石;把困难踩在脚下,它就是垫脚石。

认命不是投降

□冯 唐

曾国藩的家书有言:"小心安命,埋头任事。"

第一,认命。第二,干活。能做到第二点的人很多,能做到第一点的人不多。

青年时,人对自然和世界的认识有限,觉得远方还有星辰大海,不认命,奋力开拓,进取心旺盛。

中年时他已经知道自己几斤几两,知道世界的运行模式,再不认命,就是顽固了。

孔子说:"五十而知天命。"孔子是一个倔老头儿,到了五十岁才认命。

认命,不是投降。认命,是知道自己能做什么,然后,努力去做,是谓"安命"。

芳华待灼
砥砺深耕

生命的酒杯,不可能总是盛满可口的甘醴,苦酒也是成长的滋味。一帆风顺,显示不出水手的坚强;百转千回,才能百炼成钢。恰恰是在跌倒的时候,奋斗才能凸显其意义。

敬 启

本书为正规出版物。在阅读过程中，若遇内容方面任何问题，请与我们联系，联系电话18501931246。因此影响到您的阅读体验，我们深感抱歉！感谢您对本书的认真阅读。